Martyna Wojciechowska

Dzieciaki świata

ta książka należy do

uważaj na odciski

Każdy człowiek ma niepowtarzalne linie papilarne palców i stóp, z których można zdjąć odciski. Ty również je masz. Możesz zmienić twarz, ale zawsze będzie można rozpoznać Cię po tych liniach tak jak piątkę bohaterów tej książki.

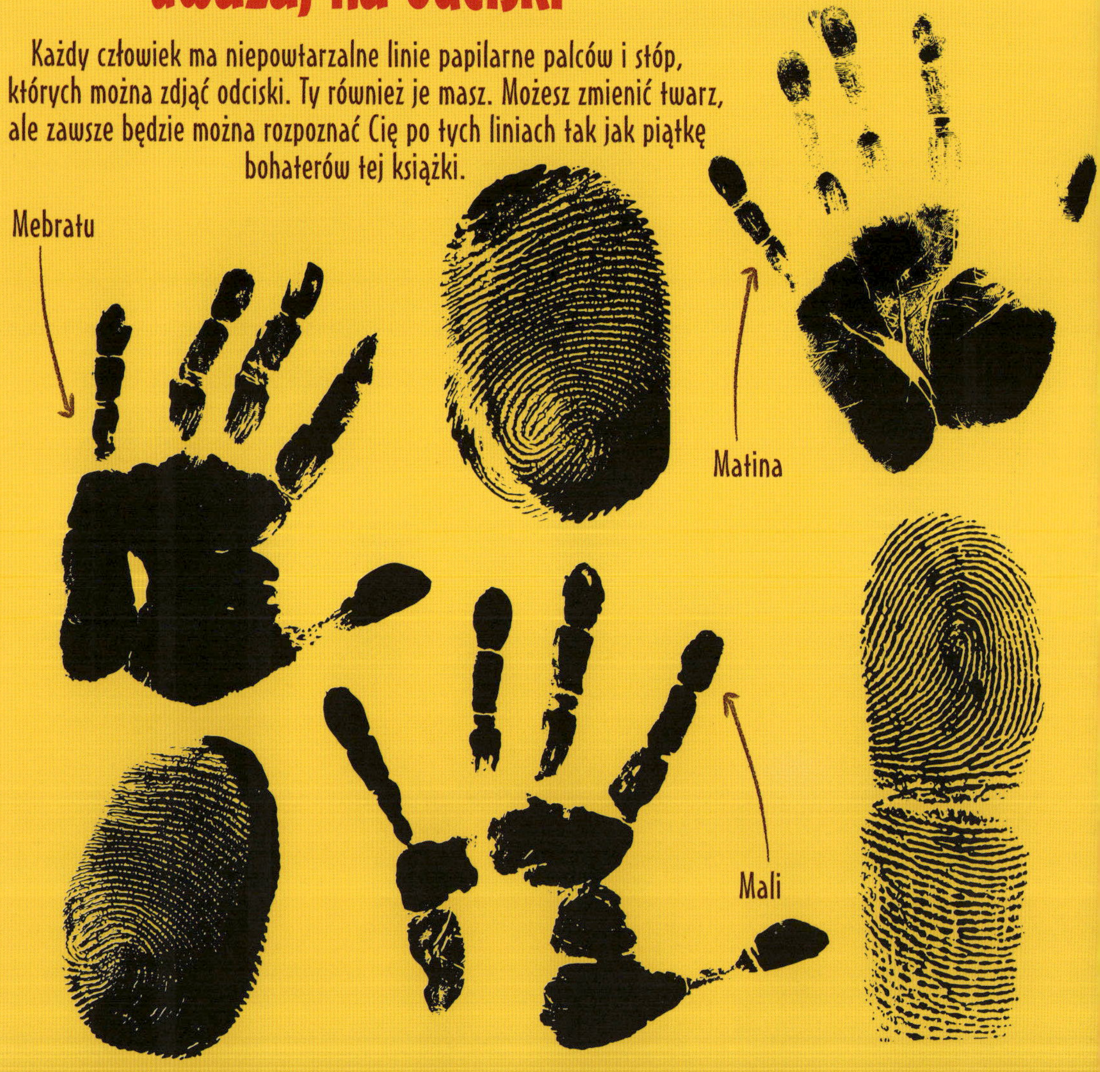

cześć Dzieciaki!

Zastanawiasz się czasami, jak mieszkają Dzieci w innych miejscach na świecie? Mają całkiem inne domy, na przykład takie zrobione z gliny i liści, nie mają łóżek, więc śpią na podłodze, nie mają też lalek i samochodzików. Są takie Dzieci, które nie mają ubrań, nigdy nie były u lekarza, nie jadły lodów, nie wiedzą, co to jest telewizor... Ale są szczęśliwe! I tak jak Ty lubią się bawić, śmiać i mają mnóstwo szalonych pomysłów!

Wszystkie Dzieci opisane w tej książce spotkałam osobiście. Mała Matina mieszka jak księżniczka, ale wolałaby być całkiem zwyczajną dziewczynką i móc się normalnie bawić. Mebratu musi pracować jako pucybut, żeby zapłacić za książki do szkoły, ale mimo zmęczenia nie narzeka, bo chce kiedyś być świetnym biegaczem i wystartować w maratonie na igrzyskach olimpijskich. Zuzu jest wysmarowany zjełczałym masłem pomieszanym z czerwonym barwnikiem – wygląda i pachnie niesamowicie, a do tego nigdy w życiu się jeszcze nie mył! A mała Lien może pływać w morzu każdego dnia, bo jej dom nie stoi na ziemi, tylko na wodzie. Jest jeszcze Mali, która marzy o tym, żeby zostać żyrafą... Co to znaczy? Musisz przeczytać tę książkę!

Mam nadzieję, że kiedyś, tak jak ja, odwiedzisz wszystkie piękne miejsca na ziemi i poznasz te wyjątkowe Dzieci osobiście. Z całego serca Ci tego życzę, bo podróżowanie to najwspanialsza rzecz na świecie. A wiedza i wspomnienia to jedyne bogactwo, którego nikt Ci nigdy nie odbierze.

autorki

Martyna

Jestem dziennikarką i bardzo lubię swoją pracę! Dzięki niej mogę podróżować po świecie, pisać książki i realizować filmy dokumentalne dla telewizji. A kiedy tak jeżdżę po egzotycznych i czasem bardzo odległych miejscach, najbardziej lubię zaprzyjaźniać się z Dziećmi. Obserwuję, jak żyją Twoi rówieśnicy w Afryce czy Azji, w co się bawią, o czym marzą i kim chcą zostać, kiedy dorosną. W tej książce opisałam ich dla Ciebie.

Marysia

Tę książkę pisałam z moją mamą Martyną. To znaczy mama pisała… A potem czytała mi i ja mówiłam, co mi się podoba, a co nie. I zrobiłam ilustracje! Zapraszam Cię w podróż! Wspólnie nauczymy się wielu ciekawych rzeczy, dowiemy się, czy dzieci z plemienia Himba chodzą do szkoły, jak wygląda w Afryce kino i jak się nazywa najwyższa góra na świecie.
Ale najważniejsze jest to, że poznamy koleżanki i kolegów z całego świata.

Życzymy Ci miłego czytania!

Lubię rysować historie
książkowych bohaterów.
Wymyślam dla nich wtedy
niesamowite przygody!

Marysia

szanowni Rodzice

Dziecko jest jak walizka – ile w nie włożymy, kiedy jest otwarte, tyle z niego wyjmiemy, kiedy dorośnie. Dlatego zabierzcie swoje Dzieci w podróż po kartach tej książki. Znajdziecie tu sporo wiedzy, ale też kilka pomysłów, jak sobie poradzić z trudnościami wychowawczymi.

Opowiadania zawarte w tej książce przedstawiają ludzi z różnych zakątków świata i prawda jest taka, że Dzieci na całej kuli ziemskiej są takie same – czują podobnie, tak samo się śmieją i płaczą. Jednak sposób ich życia i rozumienie rzeczywistości są inne niż w kulturze europejskiej. To wszystko stwarza przestrzeń do wytłumaczenia naszym Dzieciom wielu zawiłych spraw, o których trudno jest rozmawiać bez przykładu. Jak wyjaśnić, dlaczego należy oszczędzać wodę i cieszyć się z drobiazgów? Jak nauczyć się nazywać emocje? Czy wygląd jest najważniejszy? Czy warto rozmawiać z rodzicami o wszystkim?

Opowiadania pokazują prawdziwą i czasem mało wesołą rzeczywistość. Są jednak dawką rzetelnej wiedzy o świecie, która w sposób naturalny będzie rozwijać małych Czytelników. Pod każdym z opowiadań zamieszczone są propozycje tematów do rozmowy i moje sugestie wytłumaczenia podanych problemów w sposób przystępny dla Dzieci. Państwu pozostaje rozwinąć te wątki po swojemu. Na tyle na ile będziecie gotowi i według indywidualnych potrzeb Waszego Dziecka.

Wierzę, że za parę lat otworzycie walizki, które będą pełne pięknych myśli, i że ta książka będzie miała w tym swój udział.

Dominika Słomińska, psycholog dziecięcy

Dominika Słomińska – psycholog, absolwentka Uniwersytetu Warszawskiego. Wspiera rodziców w wychowaniu dzieci i ośrodki szkolno-wychowawcze w całej Polsce. Wykłada na studiach podyplomowych na UW, jest autorką prac naukowych. Od niedawna łączy pasje pisarską z wiedzą psychologiczną. Jest mamą dziewięcioletniej Tosi i rocznej Janeczki oraz szczęśliwą właścicielką psa, kanarka, żółwia, świnki morskiej i rybki.

spis treści

Możesz porobić miny i poprosić, żeby ktoś dorosły Cię sfotografował. Podczas oglądania zdjęć będzie świetna zabawa!

str. 72

Matina, żywa bogini z Nepalu

Pewnego dnia do rodziców Matiny przyszli ludzie i powiedzieli, że jest Kumari, czyli żywą boginią. Teraz mieszka w pałacu, gdzie ma służbę, piękne stroje, a ludzie przychodzą do niej z darami i proszą o błogosławieństwo. Tylko że Matina nie chce już dłużej żyć jak księżniczka.

str. 98

Mebratu, wesoły pucybut z Etiopii

Choć ma dopiero dziewięć lat, to musi pracować. Teraz jest pucybutem, ale marzy o tym, że kiedyś zostanie najlepszym biegaczem świata i wystartuje na olimpiadzie. Jest pewien, że mu się uda, bo przecież chcieć to móc!

str. 124

Mali, dziewczynka, która chciała zostać żyrafą

Mali mieszka w środku tropikalnego lasu w Tajlandii. Do jej wioski nie prowadzi żadna droga, więc turyści przypływają tam łodziami bądź docierają na grzbietach słoni. A wszyscy oni chcą zobaczyć kobiety, które mają najdłuższe szyje na świecie.

mapa świata

Na świecie żyje 7 miliardów ludzi, w tym 2,2 miliarda dzieci. Gdyby wszystkich mieszkańców ziemi ustawić obok siebie, zmieściliby się na powierzchni 11 tysięcy km^2 – tyle ma województwo świętokrzyskie.

Ameryka Północna

Co sekundę na świecie rodzi się troje dzieci.

Europa

Ameryka Południowa

Najbogatsze kraje świata to Stany Zjednoczone, Japonia, Luksemburg, najbiedniejsze to Somalia, Czad, Etiopia, gdzie ludzie muszą przeżyć za mniej niż 3 złote dziennie.

Najwięcej ludzie żyje w Chinach – 1,3 miliarda. Następne w kolejności są Indie – 1,2 miliarda, i Stany Zjednoczone – 315 milionów. Największym miastem na ziemi jest Tokio w Japonii, w którym mieszka 30 milionów osób.

Na świecie istnieją cztery główne religie: chrześcijaństwo, islam, hinduizm i buddyzm.

Każdy czterolatek zadaje średnio ponad 430 pytań dziennie.

Zuzu
mały pasterz z plemienia Himba

Namibia

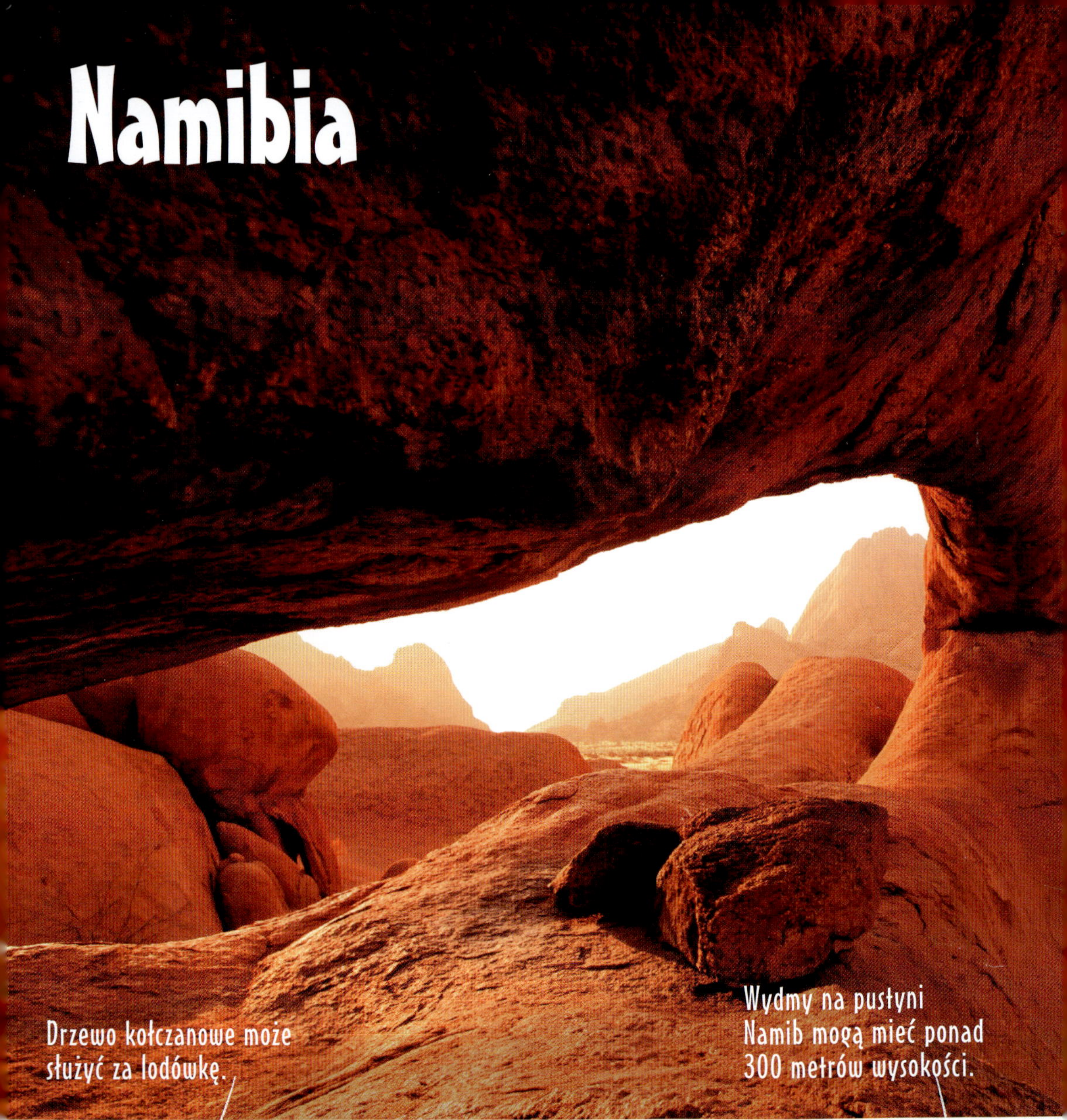

Drzewo kołczanowe może służyć za lodówkę.

Wydmy na pustyni Namib mogą mieć ponad 300 metrów wysokości.

Pustynia to takie miejsce, gdzie jest gorąco i deszcz pada bardzo rzadko albo wcale. Dlatego prawie nie ma na niej roślin i zwierząt, które potrzebują wody, żeby przeżyć. Pustynia Namib w Namibii ma kolor czerwony i słynie z najwyższych wydm na świecie.

Namibia to kraj leżący w południowej Afryce. Jest dwa i pół razy większa od Polski, a mieszka w nim zaledwie 2 miliony ludzi, czyli tyle ile w Warszawie. Choć pustynia na zdjęciach wygląda wspaniale, to jednak nie nadaje się do życia, a właśnie pustynia zajmuje większość terytorium Namibii.

Kaktusy to rośliny, które potrafią magazynować wodę.

Gniazdo wróbla tkacza może mieć ponad 4 metry długości i ważyć tonę. A żyje w nim nawet 500 ptaszków.

Liście welwiczii przedziwnej mogą żyć nawet 2 tysiące lat. Kameleon za to umie zmieniać kolor.

Cześć! Mam na imię się Zuzu, mam sześć lat i chciałbym zabrać Cię w podróż po Afryce! Chcesz wyruszyć ze mną? To zamknij na chwilę oczy, a ja będę opowiadał…

Afryka to piękny kontynent, który leży bardzo, bardzo daleko stąd. Żeby tam dotrzeć z Polski, trzeba bardzo długo lecieć samolotem albo jeszcze dłużej płynąć statkiem. W Afryce mieszkają lwy, żyrafy, zebry, które przypominają koniki pomalowane w biało-czarne pasy, są tu też potężne goryle, tłuściutkie hipopotamy i mnóstwo innych zwierząt. Niektóre z nich, jak na przykład antylopy, tworzą milionowe stada, a kiedy wyruszają w poszukiwaniu świeżej trawy, to mówię Ci – cała ziemia aż tętni pod ich kopytami!

W Afryce znajduje się też największa na świecie pustynia, Sahara. Pewnie wiesz, że pustynia to takie miejsce, gdzie bardzo rzadko pada deszcz, jest bardzo sucho, nie rosną tam prawie żadne rośliny, ale jest tam za to bardzo dużo piasku. Ten piasek nieustannie się przemieszcza pod wpływem wiatru, który usypuje go w wydmy. Niektóre z nich są ogromne – mają nawet 300 metrów wysokości, czyli dwa razy tyle co Pałac Kultury w Warszawie!

Plemię Himba żyje na pustyni w małych wioskach liczących po kilkadziesiąt osób. Są pasterzami, a ich główne zajęcie to hodowla bydła oraz kóz. I dlatego nieustannie się przenoszą w poszukiwaniu wody i świeżej trawy dla swoich stad.

Właśnie takie gigantyczne czerwone góry piachu można zobaczyć na pustyni Namib w Namibii, jednym z państw, które leży na południu Afryki. Pustynia Namib nie jest tak wielka jak Sahara, ale jest za to od niej znacznie starsza. Ma 80 milionów lat, czyli pamięta czasy, kiedy na ziemi żyły wielkie dinozaury, za to ludzi w ogóle jeszcze nie było. Bo nasz gatunek, czyli człowiek, narodził się właśnie w Afryce i stąd zawędrował na inne kontynenty. Ale to już zupełnie inna historia…

W Namibii rzadko pada deszcz, dlatego ludzie, którzy tu mieszkają, musieli się nauczyć, jak oszczędzać dosłownie każdą kroplę wody i radzić sobie z suszą. A przecież susza to coś więcej niż brak wody! Pomyśl tylko… Jak nie ma wody – to nie urosną żadne rośliny, a jak nie rosną rośliny

Wielka uczta! Himba jedzą głównie kleik zrobiony z kukurydzy i mleka oraz placki kukurydziane. Mięso pojawia się bardzo rzadko, tylko na specjalne okazje, takie jak wesele.

– to zwierzęta nie mają co jeść, a jak zwierzęta nie mają co jeść – to nie dają mleka, a jak nie ma mleka i roślin – to ludzie nie mają co jeść i cierpią nie tylko z powodu pragnienia, ale też z głodu…

Tykwa to rodzaj dyni, która rośnie w Afryce. Ponieważ jej owoce mają twarde zdrewniałe ścianki, po wydrążeniu i wysuszeniu idealnie nadają się do tego, żeby robić z nich naczynia, na przykład dzbanki na wodę, miski i łyżki.

Wyobraź sobie, że w Twoim domu nie ma łazienki, ba!, nie ma nawet kranu, z którego leci woda. Nie możesz się umyć, wyprać ubrań, ale najgorsze jest to, że nawet nie możesz się napić, zaspokoić pragnienia. Wiem, trudno jest sobie coś takiego wyobrazić, bo u Ciebie wody jest przecież pod dostatkiem i mnóstwo jej marnujesz, na przykład wtedy, kiedy myjesz zęby i nie zakręcasz kranu. Szkoda, że części Twojej wody nie można przetransportować do Namibii, żebym ja i inne dzieci mogły się napić.

W Namibii wielu ludzi żyje z dala od cywilizacji, co znaczy, że nie mamy prądu, a ściany naszych domów są ulepione z gliny pomieszanej z odchodami zwierząt. Tak, nie pomyliłem się – kupa zwierząt to bardzo dobry budulec! Taką papkę nakłada się na szkielet zrobiony z gałęzi drzew i czeka się, aż wyschnie i będzie bardzo twarda. A jak już zastygnie i wyschnie, to wcale brzydko nie pachnie!

Ponieważ nie ma u nas sklepów, jemy tylko to, co sami wyhodujemy, a są to proste rzeczy. Nie wiem, co to chipsy, żelki, nigdy nie jadłem tortu ani żadnego deseru. W ogóle nie znam słodyczy. I tak właśnie żyje moje plemię, czyli Himba. Opowiem Ci, dlaczego jesteśmy wyjątkowi. Himba to lud koczowniczy, co oznacza, że nie mamy stałego miejsca zamieszka-

nia, ciągle się przeprowadzamy z jednego miejsca na drugie. Dlaczego? Bo zawsze szukamy wody, której potrzebujemy nie tylko my, ludzie, ale też nasze duże stada zwierząt. Bo Himba to pasterze i musimy być tam, gdzie znajdują się zielone pastwiska dla krów i gdzie jest choć trochę wody, bo przecież krowy muszą pić, żeby dawać mleko.

W jednej z wiosek zamieszkałych przez to plemię żyję ja. Jak Ci już mówiłem, na imię mi Zuzu i mam sześć lat. Jak wyglądam? Zwyczajnie, tak jak wszyscy moi koledzy... Mam bardzo ciemną skórę, warkoczyki na czubku głowy, wielkie brązowe oczy, bardzo szybkie nogi, białe zęby – i lubię kukurydzę.

Moją ulubioną zabawką jest figurka kozy, którą tata wystrugał mi z drewna. Popatrz na swoje zabawki – lalki, misie, gry planszowe, komputer, karty do kolekcjonowania. Ja nie mam takich zabawek, bawię się po prostu tym, co mam albo co znajdę – tą jedną drewnianą figurką, kawałkiem sznurka albo patykiem, który może być mieczem albo można nim kopać w ziemi, albo nawet może zamienić się w pojazd latający. Ja codziennie wymyślam nowe gry i jestem bardzo pomysłowy! Ale wiesz co? Nigdy się nie nudzę i naprawdę trudno spotkać w mojej wiosce smutne dziecko. Wszystkie maluchy uśmiechają się od ucha do ucha!

Mam cztery siostry i trzech braci, czyli jest nas ośmioro – zwyczajnie, bo Himba zawsze mają dużo dzieci. Mam też babcię, która pomaga mamie zajmować się nami, piecze placki z kukurydzy i plecie piękne warkocze moim siostrom. Babcia Dambu dużo mi opowiada o życiu Himba.

co Himba ma na głowie

W Afryce kobiety i dzieci noszą pakunki i kanistry z wodą na głowie zamiast w rękach. Jest to bardzo wygodne, trzeba tylko opanować technikę.

wioska Himba

Do domu prowadzą drzwi, nie ma w nim okien, dach jest pokryty liśćmi lub słom

Himba oprócz kóz i krów hodują też kury i uprawiają małe ogródki z warzywami.

Kobiety z plemienia Himba codziennie na ognisku gotuj kleik z mąki i mleka i robią placki kukurydziane.

Himba nie znają zapałek, więc ogniska rozpalają, pocierając patyczkiem o patyczek.

Nikt dokładnie nie wie, ilu członków liczy plemię Himba, ponieważ Himba nie mają ani dowodów osobistych, ani metryk urodzenia. Nie wiedzą też, ile mają lat ani kiedy obchodzą urodziny, nie znają również kalendarza i nie mierzą czasu.

Zagrody zwane tu *onganda* składają się z okrągłej chatki, która stoi w środku. Ulepiona jest ona z gliny połączonej z krowimi kupami oraz liśćmi okolicznych drzew. Taką papką pokrywa się szkielet upleciony z gałęzi drzew. Kiedy papka wyschnie, stanie się bardzo twarda.

Ponieważ w wiosce nie ma elektryczności, wszyscy mieszkańcy chodzą spać po zachodzie słońca i wstają o świcie. Pracują rano i po południu, kiedy upał jest najmniejszy.

Domy otaczają płoty zrobione z gałęzi drzewa mopane. Chronią wioskę przed dzikimi zwierzętami.

Panie Himba mają mnóstwo zajęć. Zanim rano wyjdą ze swoich domów, smarują skórę i włosy specjalnym mazidłem zrobionym z masła, ochry, czyli takiego czerwonego proszku, i ziół. Po tym zabiegu ich skóra zabarwia się na kolor czerwony. To zabezpiecza ją przed słońcem i odstrasza owady.

– Panie z plemienia Himba mają bardzo dużo obowiązków – to one budują okrągłe chaty, uprawiają warzywa, doją krowy, gotują, zajmują się dziećmi i przynoszą wodę z odległych strumieni. Za to mężczyźni pilnują stad krów i kóz, dlatego ty, Zuzu, musisz się nauczyć, jak zajmować się zwierzętami – tłumaczy mi babcia.

– Tak, wiem, babciu! Przecież tata i wujkowie często wyprawiają się na dalekie pastwiska, żeby nasze bydło mogło się najeść do syta, i czasami nie ma ich w domu przez miesiąc albo i dłużej, prawda? – mówię wtedy, a babcia Dambu przytakuje.

Trochę wtedy tęsknię za tatą, ale rozumiem, że musi pracować, żebyśmy mieli co jeść. Po prostu wędruje daleko ze zwierzętami, bo w naszym plemieniu krowy są cenniejsze niż złoto! A im dana rodzina ma ich więcej – tym jest bogatsza, więc wiem, jak bardzo trzeba się o nie troszczyć. Ale teraz muszę już kończyć, bo jest już późno i mama goni mnie do spania, ale rano opowiem Ci resztę!

***

Otwieram oczy i rozglądam się po chacie. Wszyscy śpią, więc bądźmy ciiicho... Nasza chata przypomina okrągły szałas i jest wielkości jednego pokoju, ale mieszkamy tu w 10 osób, to znaczy ja, siedmioro mojego rodzeństwa, mama i czasem też tata – jak wróci z pastwiska.

Nasz dom nie ma okien, tylko duży otwór, przez który się wchodzi. Na środku jest palenisko i przez to czasem dym z ogniska gryzie mnie w oczy, ale przecież musimy się jakoś ogrzewać... Pod ścianami, na pod-

W środku chaty znajduje się malutkie ognisko, które służy do ogrzewania w nocy, ponieważ temperatura w dzień jest bardzo wysoka, a w nocy niska. Skóry zwierząt służą za posłania. Są tu też garnki i pojemniki na wodę.

Babcie dbają o swoje wnuki. Sprawdzają, czy skóra jest dobrze posmarowana mazią, a włosy czyste.

łodze porozkładane są skóry zwierząt, na których śpimy. Ty masz pewnie łóżko? Trochę Ci zazdroszczę, bo ja w zasadzie leżę na ziemi, ale naprawdę można się przyzwyczaić! Nie mam też poduszki i kołdry, przykrywam się tylko koźlą skórą. Obywamy się bez stołu, krzeseł, półek oraz szafek. Nie ma tu też telewizora i radia, więc nie mogę oglądać filmów i kreskówek. Ale nie narzekam, bo przecież niektórzy mają dużo gorzej – nawet nie mają takiej ciepłej, wygodnej chaty jak my.

– Zuzu, wstawaj! – mama budzi mnie, jak co dzień, bardzo wcześnie rano, jeszcze przed świtem, kiedy jest ciemno.

– Mamo, naprawdę muszę dziś wstawać? Jestem taki śpiący... – co prawda obudziłem się wcześniej, ale chciałem jeszcze poleżeć.

– Zuzu, jesteś bardzo dużym chłopcem, masz już sześć lat i musisz pomóc mi wydoić krowy. A wiesz, że trzeba to zrobić bardzo wcześnie, zanim cielątka wypiją całe mleko, prawda?

Wstaję więc i się przeciągam, bo rozumiem, że muszę pomagać w domu. Szczególnie kiedy nie ma taty.

– Chodź, Zuzu, nasmaruję cię – mówi mama i zaczyna nakładać na mnie specjalny balsam, ale nie taki, jaki Twoja mama kupuje w sklepie.

Taki balsam, jaki nasze mamy, babcie czy ciocie robią same – to specjalna maź ze zjełczałego masła połączonego z wyciągiem z roślin i ochrą, czyli takim czerwonym proszkiem. Krzywię się trochę, bo zjełczałe masło nie pachnie ładnie...

– Wiem, że tego nie lubisz, ale to taki magiczny balsam! Dzięki niemu ostre słońce nie parzy naszej skóry, komary i muchy nie gryzą, a babcia, chociaż jest już bardzo stara, prawie wcale nie ma zmarszczek.

No tak, tylko że mama i wszystkie kobiety oraz dzieci w naszym plemieniu są całe czerwone – dosłownie od stóp do głów, bo nawet włosy pokrywają tą mazią! Dorośli mężczyźni już nie używają tyle ochry.

pij mleko, będziesz wielki

Mleko jest najważniejsze dla plemienia Himba. Gasi pragnienie, można z niego zrobić kleik albo pyszne placki. Himba prawie codziennie jedzą to samo i nie znają słodyczy. I rosną jak na drożdżach – ludzie z tego plemienia są bardzo wysocy.

Krowy muszą być dojone rano, zanim cielęta dobiorą się do wymion mam i wypiją całe ich mleko. Krowy w Polsce potrafią dać nawet 40 litrów mleka dziennie, w Afryce zaledwie kilka litrów.

Ale moja mama jest naprawdę piękna – wysoka i szczupła, włosy ma splecione w grube warkocze, a ubrana jest tylko w skórzaną spódniczkę. I nosi mnóstwo biżuterii. Kilka sznurów korali z wielką muszlą, którą dostała od babci Dambu, pas z metalowymi ozdobami, kółka na nadgarstkach, a na kostkach nóg osiem bransoletek. Wiesz, dlaczego osiem? Bo ma ośmioro dzieci. A panie w plemieniu Himba noszą tyle bransoletek, ile mają dzieci.

Doimy krowy, a ja okropnie ziewam i tak bardzo chciałbym się położyć. Ale mama mnie pogania:

– Pamiętaj, że musimy zanieść mleko do wodza wioski, czyli najważniejszego człowieka w naszym plemieniu, żeby napił się przynajmniej łyka mleka z każdego drewnianego wiaderka.

No tak, bez tego nie możemy zacząć dnia. Bo wódz to zwykle najstarszy i najmądrzejszy mężczyzna w wiosce i wszyscy go słuchają. To on podejmuje ważne decyzje, a ludzie bardzo go kochają i szanują. I dopiero jak dostaniemy zgodę od wodza, to możemy zacząć jeść śniadanie.

Dziś mamy placki z kukurydzy, które mama upiekła na ognisku, i mleko.

Myślisz pewnie, że teraz pójdę, tak jak Ty, do przedszkola albo szkoły? Ale nie! Dzieci z naszego plemienia nie chodzą ani do szkoły, ani do przedszkola. Bo tu, gdzie mieszkamy, nie ma niczego takiego. Ale każdego dnia uczymy się czegoś pożytecznego. Jak zdobywać wodę, doić krowy, jak zreperować coś w domu i przygotować placek z kukurydzy. I każde dziecko ma swoje obowiązki. Ponieważ tata pędzi krowy na pastwiska, które często znajdują się bardzo daleko od naszej wioski,

Głównym zajęciem Himba jest doglądanie stad bydła. Im więcej krów posiada jakiś mężczyzna, tym jest bogatszy. Dla ludzi z plemienia Himba krowy są bowiem cenniejsze niż złoto.

Jeżeli młody mężczyzna z plemienia Himba chce poślubić kobietę, to musi najpierw zapłacić jej rodzicom posag właśnie w krowach i kozach. Jego wysokość ustalają wódz wioski i rodzice panny młodej.

Wypasem kóz zwykle zajmują się chłopcy. Każdy z nich bierze butelkę wody i wyrusza na pastwisko. Musi pilnować, by kozy się nie rozbiegły, i odstraszać hieny i inne zwierzęta, które mogą na nie polować.

ja muszę przez cały dzień pilnować stadka kóz. I traktuję to zadanie bardzo poważnie!

Mam bardzo silne nogi, bo dużo chodzę. Nigdy się też nie męczę! Zresztą chłopaki z plemienia Himba nigdy nie marudzą ani nie płaczą, nawet jak są zmęczeni albo chce się im jeść, pić czy spać. Bo wiesz, jak jest ośmioro dzieci w domu, mama ma jeszcze tyle obowiązków, a taty zwykle nie ma, to czy można jeszcze narzekać?

Może trochę tylko żałuję, że nie chodzę do szkoły… Mam jedną książkę, która bardzo mi się podoba, tylko że nie potrafię czytać ani pisać. Nikt w mojej wiosce nie potrafi. Moja mama wieczorem przed zaśnięciem nie czyta mi bajek, tylko opowiada z pamięci różne historie.

Ale kiedyś przyjechała do nas jedna podróżniczka z Polski, która nazywa się Martyna Wojciechowska, i pokazała mi swoją książkę. Ta książka miała kolorowe ilustracje i wszystkie strony były zapisane literami.

– Chodź, Zuzu, poczytam ci – powiedziała Martyna, więc usiadłem i zacząłem słuchać historii z tej książki. Była o chłopcu, który miał na imię Tomek i podróżował po całym świecie – pojechał do Australii, Afryki i do Ameryki, gdzie poznał Indian… I czułem się, jakbym ja też podróżował, jakbym tam był!

– Książki są wspaniałe! – wykrzyknąłem wtedy.

– To prawda – powiedziała Martyna i dodała: – Nie wyobrażam sobie życia bez książek!

I podarowała mi w prezencie tę książkę! I choć nic z niej nie rozumiem, to wspaniale jest oglądać obrazki i przypominać sobie te niesamowite historie.

Ale teraz muszę już iść wypasać kozy... Oj, nudne to zajęcie. W zasadzie cały dzień będę tak siedział w palącym słońcu i tyle. Muszę tylko

Fajna zabawa

Dzieciaki z plemienia Himba nie znają takich zabawek, jakie masz Ty, nie mają też książek. Dlatego same potrafią wymyślać sobie różne gry i zabawy. A zabawką może być dla nich wszystko – miska, patyk, sznurek.

dopilnować, żeby zwierzęta napiły się wody, i znaleźć dla nich trochę zielonej trawy i liściastych krzewów. Dziś mam pod opieką cztery kozy i ich koźlątka... Ale co to?! Nagle wiedzę, że na pastwisku pojawiły się groźne hieny i chcą porwać moją małą kózkę!

– Uciekajcie! – krzyknąłem.

Zacząłem biegać szybko dookoła kóz, głośno krzyczeć i wymachiwać kijem, tak żeby hieny się przestraszyły i sobie poszły. I udało mi się! Odgoniłem je i uratowałem koźlątko! Wiem jednak, że nie mogę jeszcze wrócić do domu, bo powinienem zaprowadzić kozy tam, gdzie jest choć trochę zielonej trawy. Tak bardzo chce mi się pić, a skończyła mi się woda... Ale muszę do wieczora wypasać kozy i dopiero, kiedy zagonię je do zagrody, poproszę mamę, żeby dała mi pić.

Woda to najcenniejsza rzecz dla ludu Himba. Ludzie z naszego plemienia nie myją się, bo nie mamy tyle wody, żeby starczyło na kąpiele. Dlatego mama nauczyła mnie i moje rodzeństwo, jak można się umyć... piaskiem i dymem z ogniska. Naprawdę! Trzeba tylko wziąć garść drob-

wyścig po obiad

Często hieny muszą oddać swoją zdobycz lwom – które są od nich silniejsze i większe – dlatego jedzą bardzo szybko, a potrafią zjeść ilość mięsa równą jednej trzeciej swojej wagi. A lubią prawie wszystko, nawet kości.

Kózki są bardzo towarzyskie i potrafią chodzić za dziećmi jak pieski. Niestety są w stanie zjeść dosłownie wszystko, więc nie nadają się na zwierzątka domowe.

nego piasku i nacierać nim całe ciało. Trochę to drapie, ale jest bardzo zdrowe – szorowanie piaskiem sprawia, że odtykają się pory w skórze, czyli takie mikroskopijne otworki, i skóra wtedy lepiej oddycha. A potem można okadzić się dymem z domieszką ziół i pachnie się bardzo ładnie.

Ale teraz mimo zmęczenia nie myślę o kąpielach, tylko o wodzie do picia... Wracam więc do chaty ze swoim stadkiem i już z daleka widzę mamę i... tatę. Tak, to tata! Tak długo był ze zwierzętami poza domem, a dziś nareszcie wrócił.

– Tato! Tato! Odgoniłem hieny, które chciały porwać małą kózkę! – musiałem się od razu pochwalić.

– To wspaniale, jesteś już bardzo duży i bardzo dzielny, Zuzu! – tata jest naprawdę zaskoczony. – To dobrze, że tak pomagasz mamie, kiedy

Mężczyźni z plemienia Himba rzadko bywają w wioskach. Miesiącami wypasają swoje stada daleko od domów. Ale kiedy już wracają, to w całej wiosce organizowane jest wielkie święto. Wszyscy bardzo się cieszą i ucztują.

mnie nie ma w domu, i dlatego dostaniesz w nagrodę długi rzeźbiony kij, którym teraz możesz jeszcze lepiej odganiać hieny.

Kij jest wspaniały! Jest prawie tak długi jak ja i ma piękny wzór na samej górze.

– Dziękuję!

Ale jeszcze nie mogę odpocząć, bo trzeba naprawić chatę, którą wczoraj zniszczył wiatr. Dlatego mama przyniosła z pastwiska trochę kupy krowy, wymieszała ją z błotem i poprzyklejała do ścian, a ja jej pomogłem. I już chata naprawiona!

Teraz wreszcie możemy usiąść, zjeść coś i posłuchać historii, które przytrafiły się tacie przez ten czas, kiedy był z krowami na pastwiskach.

Babcia i mama opowiadają stare afrykańskie baśnie. Wszyscy są zmęczeni: tata – wyprawą ze zwierzętami, mama i ciocie – dźwiganiem dzbanów z wodą z dalekiego strumienia, babcia – zabawą z moimi małymi siostrami... A ja jestem zmęczony pilnowaniem koźlątek i odganianiem hien. I wszystkim tak bardzo chce się spać... A w nocy śni mi się, że spadł deszcz i mogliśmy się kąpać i nareszcie pić tyle wody, ile dusza zapragnie. To był piękny sen!

Codziennie wieczorem mieszkańcy wioski siadają przy ognisku w kręgu i słuchają opowieści. Najpiękniejsze historie zna wódz. Dzięki niemu dzieciaki poznają tradycje swojego plemienia.

Fryzura w stylu Himba

Dziewczynki zaplatają warkocze tak, żeby zasłaniały im buzie. Oznacza to, że nie są jeszcze gotowe wyjść za mąż.

Panna młoda nosi w dniu ślubu skórzany welon.

Mężatki mają na czubku głów embrę – charakterystyczną ozdobę przypominającą rogi.

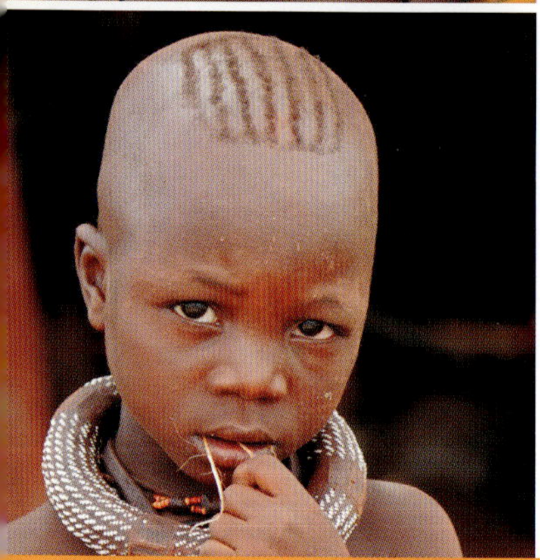

Małe dzieci noszą różne fryzury.

Mężczyźni mają jeden warkocz zapleciony do tyłu, a żonaci noszą na głowie turban.

W plemieniu Himba włosy mają wielkie znaczenie. Po fryzurze poznamy, czy mamy do czynienia z dziewczynką, z chłopcem, z panienką, kawalerem, mężatką, czy wdową.

Himba uwielbiają biżuterię. Noszą naszyjniki z muszli i bransolety z kości zwierząt, drewna, metalu. Liczba bransolet na kostkach nóg mówi o tym, ile kobieta ma dzieci. A każda pani z plemienia Himba chce ich mieć jak najwięcej.

Długie włosy Himba wyglądają jak dredy.
Skóra pań Himba zawsze jest czerwona od koloru mazi, którą się codziennie smarują.
Noszą mnóstwo biżuterii, na stopach, nadgarstkach i szyi. Strój Himba może ważyć nawet 12 kilogramów.
Ubierają się tylko w skórzane spódniczki, nie noszą bluzek ani bielizny.

tematy do rozmowy

Czy wyobrażasz sobie życie bez zabawek, książek, bez telewizora?

Dzieci z plemienia Himba nie mają zabawek, ale tak jak wszystkie dzieci na świecie uwielbiają się bawić! Dlatego potrafią sobie zrobić zabawkę z każdego przedmiotu codziennego użytku – patyka, garnka, kawałka sznurka, koralików. Co sądzisz o tym, żeby któregoś dnia zorganizować z koleżankami i kolegami dzień bez zabawek? Nie uważasz, że to może być ciekawe doświadczenie? Z kartonów możecie zbudować statki, windy, samochody, domki. Z butelek wypełnionych ryżem możecie zrobić grzechotki, a potem zorganizować koncert. Spróbuj też namówić kogoś dorosłego i pojechać na wczasy pod namiot – bez prądu, z dala od cywilizacji. To świetna okazja, żeby spędzić czas zupełnie inaczej niż dotychczas – bez komputera, telewizora i radia. Można wtedy grać w kalambury, gry planszowe, opowiadać sobie niesamowite historie, śpiewać piosenki... To będzie na pewno bardzo wyjątkowy czas!

To wszystko zrobiły z koralików afrykańskie dzieci.

Jak myślisz, w jaki sposób można oszczędzać wodę?

CZY WIESZ, ŻE
W wielu krajach wysuszone kupy zwierząt wykorzystuje się do różnych celów. Można z nich budować domy, palić nimi zamiast drewnem w ogniskach, a nawet dodawać do jedzenia, jak to się robi w Mongolii.

W Afryce jest wiele miejsc, gdzie panuje susza. Ludzie bardzo mało piją, cierpią z głodu, bo bez wody nie rosną rośliny, bardzo rzadko piorą swoje ubrania, nie mogą się umyć. Kobiety z plemienia Himba muszą chodzić na piechotę bardzo wiele kilometrów, żeby przynieść w ciężkim dzbanie na głowie trochę wody. Nam w Europie trudno jest to sobie wyobrazić, w każdej chwili mamy dostęp do kranu z wodą. Ale pamiętaj o dzieciach, które nie mogą się umyć czy napić. Kiedy myjesz zęby – zawsze zakręcaj kran, żeby woda nie lała się strumieniami. Bierz częściej prysznic niż kąpiel w wannie, bo wtedy zużywasz mniej wody. Do szklanki nalewaj tyle, ile jesteś w stanie wypić. Nie spuszczaj wody w toalecie dla zabawy. Poradź mamie, żeby wodą, w której myła warzywa, owoce i gotowała jajka, podlewała kwiatki. Sprawdzaj, czy u Ciebie w domu włącza się pralkę i zmywarkę tylko wtedy, gdy są pełne. Jak każdy z nas zacznie oszczędzać wodę, to będzie jej na świecie więcej i wystarczy nam na dłużej!

Zgadnij, co to jest?

Lien
lotos
z zatoki
Ha Long

Wietnam

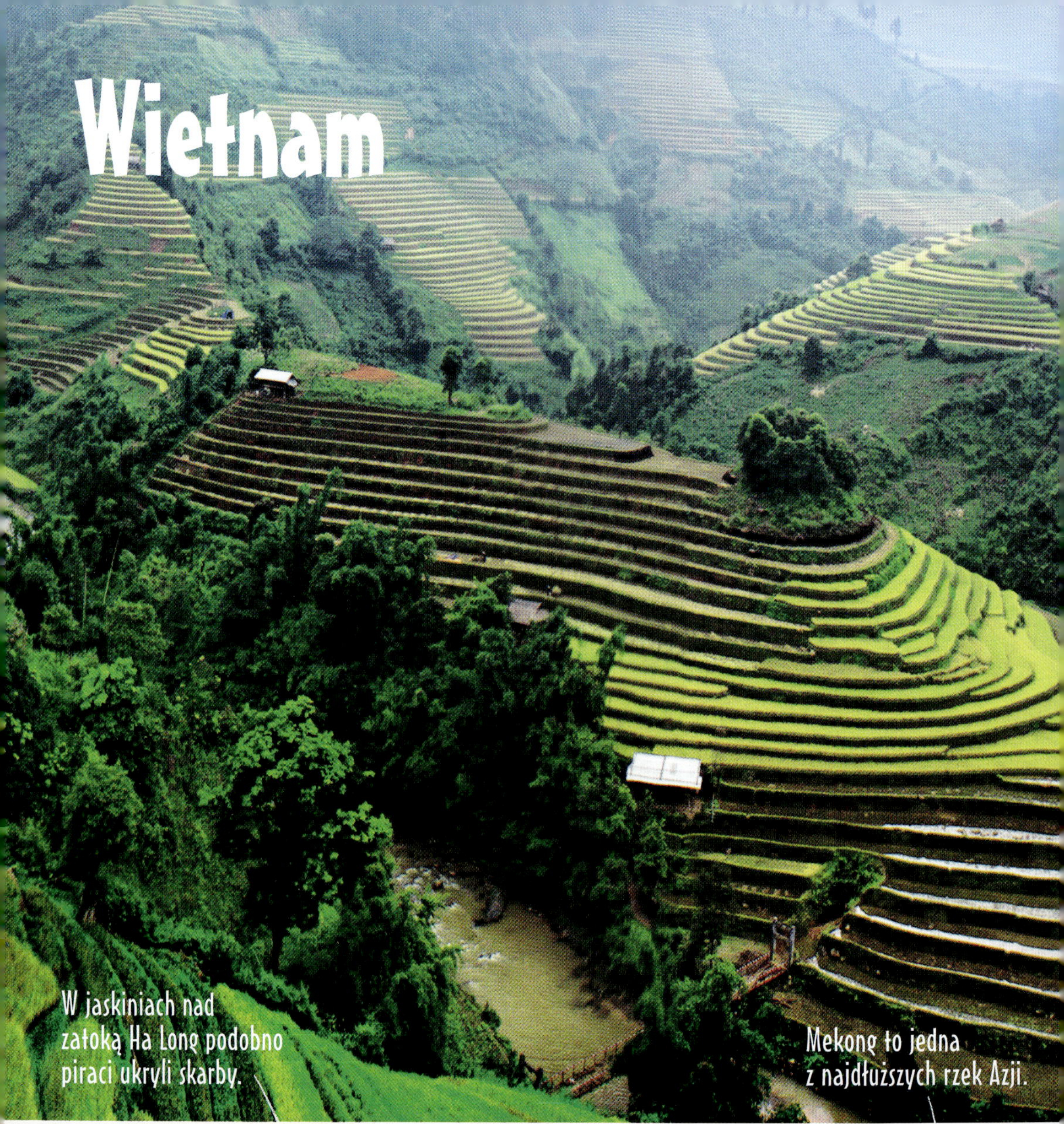

W jaskiniach nad zatoką Ha Long podobno piraci ukryli skarby.

Mekong to jedna z najdłuższych rzek Azji.

Ryżowe pola wyglądają pięknie, do ich uprawy często wykorzystuje się bawoły.

Wietnam leży w południowo--wschodniej Azji i jest jednym z największych producentów ryżu, a pola ryżowe ciągną się tu kilometrami.
Są tu też gęste lasy deszczowe, wysokie góry, starożytne miasta i mnóstwo plaż.

Kobiety tkają tu przepiękne szale i robią parasolki.

– Lien, zebrałaś już suche pranie ze sznura? Burza się zbliża, pośpiesz się, bo zaraz wszystko zmoknie.

– Już biegnę, babciu.

Burza?

Przecież na niebie nie ma żadnych ciemnych chmur! Ale pewnie babcię znowu łamie w kościach – tak przynajmniej mówi, gdy ma się zmienić pogoda. Mama mówi, że babci kości nigdy się nie mylą i są jak krótkoterminowa prognoza pogody. Moja babcia ma na imię Lien, czyli „Lotos". A lotos to piękny kwiat, który jest symbolem mojego kraju i przypomina trochę Wasze tulipany. Ja też mam na imię Lien, właśnie po babci, i jest to jedno z najpopularniejszych imion w Wietnamie, czyli kraju, w którym się urodziłam. O, właśnie zaczyna kropić deszcz.

– Babciu, twoje kości znów miały rację! A może teraz by powiedziały, o której będzie obiad, bo strasznie burczy mi w brzuchu?

– Za godzinę, ale to mi powiedział mój nos – babcia marszczy nos i mówi – na obiad będą dziś smażone mątwy.

Hm, smażone mątwy to moje ulubione danie!

Nad zatoką Ha Long, gdzie mieszkam, często unosi się mgła tak gęsta jak mleko i nic przez nią nie widać. Ale kiedy wreszcie opada, to uwierz mi, że wspaniale jest mieć taki widok z okna. To jedno z najpiękniejszych

Zatoka Ha Long to najpiękniejsze miejsce w Wietnamie. Z wody wyrasta tu 2 tysiące wysp i wysepek. A na pływających tratwach mieszkają ludzie.

miejsc na świecie! Wyobraź sobie, że z morskiej wody wyłania się prawie dwa tysiące skalistych wysp. Babcia opowiedziała mi, jak powstała zatoka Ha Long, czyli po wietnamsku „Zatoka Lądującego Smoka".

– Dawno, dawno temu, kiedy na ziemi żyły smoki, jeden z nich wylądował właśnie tu i tak niefortunnie machnął wielkim ogonem, że uderzył w skały, które pod wpływem siły tego ciosu oderwały się od zbocza, wpadły do wody i utworzyły ten niesamowity krajobraz tysięcy wysp. Ale pamiętaj, Lien, że smoki też chronią ludzi. Według legendy my, Wietnamczycy, jesteśmy dziećmi smoka i wróżki, a wiesz, co to oznacza? Że jesteś praprawnuczką smoka. O, widzę nawet, że masz takie pazury jak on, znowu zapomniałaś je obciąć. Zobaczysz, kiedyś wyrosną ci łuski i ogon – straszy mnie babcia, robiąc srogą minę, a potem wybucha śmiechem.

Uwielbiam moją babcię. Wszyscy ją kochają i jak mają jakiś problem, to zawsze proszą ją o radę, bo jest najstarsza w naszej rodzinie i najmądrzejsza.

Pewnie myślisz, że mój dom stoi na jednej z tych skalistych wysp, o których Ci opowiedziałam? Otóż nie. Nie ma tu asfaltowych dróg, ogródków, płotów, nikt nie jeździ tu samochodem ani nie chodzi do żadnego sklepu, bo go nie ma, za to wszystko się… buja. Już wiesz, gdzie jest mój dom? Pływa na wodzie. Mieszkam w wiosce, w której ludzie żyją na łódkach albo na tratwach i na nich właśnie znajdują się ich domy. Pływający dom to coś niesamowitego – dziś jesteśmy tu, jutro możemy być w innym miejscu. I nie muszę jeździć nad morze albo chodzić na basen,

żeby móc codziennie popływać. Zapraszam Cię do Wietnamu! Naszą zatokę odwiedza mnóstwo gości z całego świata, przypływają tu łodziami, a niektórzy cumują przy naszej tratwie i jedzą u nas obiad. Moja mama prowadzi małą restaurację i w ten sposób zarabia pieniądze, a mój tata jest rybakiem, czyli wypływa rano, kiedy jeszcze śpię, łowi ryby, a potem sprzedaje je na targu i na obiad wraca do domu. Czasami przywozi mi jakieś prezenty, na przykład wczoraj kupił mi plecak, bo niedługo mam pójść do szkoły. A zapomniałam powiedzieć, że mam prawie siedem lat.

– Tak, teraz mój nos też czuje, że zbliża się obiad – mówię na głos.

Mama smaży mątwę, a jak już Ci mówiłam, bardzo lubię to danie. Lubię też zupę rybną z mleczkiem kokosowym. Ciekawi Cię pewnie, skąd mamy takie jedzenie. To proste – pod podłogą naszego domu umieszczo-

ne są klatki, w których pływają kraby, krewetki, mątwy, i jeśli chcemy, to możemy sobie wyłowić coś na obiad. A wiesz, jak wygląda mątwa? To taki ślimak z mackami, ale bez skorupy. Kiedy się czegoś przestraszy, potrafi wystrzelić z ciała czarną farbę, która barwi wodę i nic nie widać – wtedy mątwa ucieka, taka jest sprytna. Potrafi też zmienić barwę, żeby lepiej się zakamuflować – zlewa się wtedy jak kameleon z kolorem otoczenia.

– Lien, przynieś talerze i zawołaj wszystkich na obiad – woła mama – i dlaczego znowu jesteś w spodniach? Dziś jest niedziela, załóż sukienkę. Tak ci w niej ładnie!

Mama zawsze pięknie wygląda, codziennie robi sobie makijaż i układa włosy. Ma też w szafie mnóstwo sukienek, a i tak zawsze rano na-

rzeka, że znowu nie ma się w co ubrać... Nosi też słomkowy kapelusz i rękawiczki, żeby unikać słońca. Bo my w Wietnamie mamy żółty odcień skóry, a bardzo byśmy chcieli mieć jaśniejszy, bo uważamy, że biała skóra jest piękna. A z kolei turyści, którzy do nas przyjeżdżają, opalają się, bo chcą, żeby ich skóra była ciemniejsza... Dziwny jest ten świat. Mama chce na przykład, żebym chodziła w sukienkach, a ja wolę spodnie. I kupuje mi lalki, a ja wolałabym dostawać świetlne miecze. A moją ulubioną zabawką jest smok, który macha skrzydłami, kiedy pociągnie się go za ogon. Dostałam go od babci, która powiedziała mi, że zawsze będzie mnie chronił – przynajmniej dopóki nie nauczę się karate. Mój tata zna karate i powiedział, że jak będę starsza, to też mnie nauczy. Kiedyś razem oglądaliśmy w telewizji film, którego bohaterką była dziewczynka trochę starsza od mnie. Nauczyła się karate i kiedy były zawody, to pokonała wszystkich chłopaków.

– Miałaś przynieść talerze. I powiedz cioci i wujkowi, żeby przyszli na obiad – mama się niecierpliwi.

– No tak, zapomniałam! Już biegnę! – wołam.

Bo nasza tratwa jest powiązana grubymi sznurami z dwoma innymi tratwami. Jedna należy do dziadka i babci, druga do cioci, wujka i mojego kuzyna.

Żywa krewetka trochę przypomina olbrzymią stonogę. Mama Lien ma własną fermę, gdzie hoduje krewetki i inne morskie stworzenia, które trzeba karmić codziennie.

Kalmary mają 10 ramion i torpedowate ciało. Przestraszone potrafią wystrzelić niczym z procy z prędkością 40 km/godz. Mówi się, że mają napęd odrzutowy.

Krewetki mają 10 nóg i dwie pary czułków.

zostań ekspertem od owoców morza

Mątwa potrafi zmienić kolor i upodobnić się do podłoża, a zaatakowana wydziela chmurę czarnego atramentu, w którym znika.

Ostrygi mają pofałdowane muszle w kształcie gruszki. Je się je na surowo, najlepiej z cytryną.

Małże mają twarde skorupki, czyli muszelki. Zwykle przyczepiają się do podłoża, ale niektóre potrafią się przemieszczać i używają do tego nogi.

Homary przypominają nasze raki, ale są od nich dużo większe.

Langusty wędrują gęsiego i nigdy nie gubią drogi. Nie mają tak długich szczypców jak homary.

Ośmiornice mają osiem ramion uzbrojonych w przyssawki, które służą im do chodzenia i polowania.

Kraby pełzają po podłożu, mają wielkie szczypce, którymi chwytają ofiarę. Żyją i na lądzie, i w wodzie.

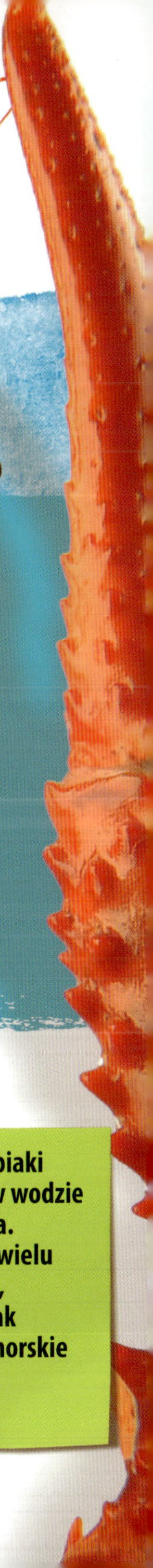

Owoce morza to skorupiaki i mięczaki, które żyją w wodzie i nadają się do jedzenia. Są bardzo zdrowe, ale wielu ludzi brzydzi się je jeść, ponieważ wyglądają jak robaki albo obślizgłe morskie stwory. Spróbujcie ich, są naprawdę smaczne.

Mama Lien robi pyszne naleśniki z mąki ryżowej nadziewane warzywami i mięsem. U nas mówi się na nie sajgonki – słowo to pochodzi od nazwy dawnej stolicy Wietnamu.

– Tylko uważaj, żebyś się nie poślizgnęła i nie wpadła do wody, bo po deszczu podłoga jest śliska.

Mamie cały czas się wydaje, że jestem małym dzieckiem. A ja przecież już niedługo pójdę do szkoły!

Każda tratwa ma na środku dom, który właściwie nie różni się niczym od Twojego, poza tym że Twój nie buja się na wodzie. Tu też są: kuchnia, salon z telewizorem i wygodną kanapą, sypialnia rodziców i pokój dla dzieci. Przed domem mamy taras z hamakiem, na którym lubię odpoczywać, a z tyłu domu znajduje się coś w rodzaju spiżarni i łazienka. Mój pokój jest różowy, bo mama, kiedy go malowała, myślała, że każda dziewczynka lubi ten kolor. A potem dokupiła różowe łóżeczko, stoliczek, firanki, różowe kapciuszki i piżamę... Tylko że ja nie lubię różowego

i planuję przemalować wszystko na zielono albo na czarno. Ale na razie jest to mój wielki sekret, który zna tylko babcia. No i teraz jeszcze Ty go znasz, ale sekretów nie wolno zdradzać nikomu, takie są zasady. Zresztą dorośli też mają swoje sekrety.

Życie na wodzie jest super. Cieszę się, że moi rodzice nie wychodzą do pracy do biura codziennie rano, tak jak niektórzy rodzice na lądzie. Jestem cały czas z mamą, nawet kiedy ona pracuje. Tyle że muszę jej pomagać, czyli najpierw podaję do stołu, a potem zmywam naczynia po gościach. To bardzo nudne zajęcie. Trzeba do jednej miski wlać trochę wody z płynem, a do drugiej czystą wodę do płukania. Zapytasz, po co takie ceregiele ze zmywaniem naczyń? W zatoce Ha Long jest

bardzo dużo wody. To znaczy jest woda, ale słona – nie można więc jej pić, myć się w niej i prać. Codziennie wieczorem przypływa duża łódź z wielkimi beczkami i pan sprzedaje z niej słodką wodę. Dlatego musimy słodką wodę bardzo oszczędzać.

Po śniadaniu razem z mamą robimy zakupy. Ale nie bierzemy torby, portfela i nie idziemy do sklepu, bo w zatoce Ha Long to sklep przypływa do nas łódką! Można w takim sklepie kupić wszystko: słodycze, ryż, mleko, chleb i kosmetyki. Słowem „mydło i powidło", bo tak się mówi, jak jest czegoś bardzo duży wybór.

Zwykle po obiedzie bawię się z moim kuzynem, który ma na imię Kasem, co po wietnamsku znaczy „Szczęście". Podobno ciocia i wujek

długo nie mogli się doczekać dziecka, a bardzo go pragnęli, i wreszcie urodził się Kasem. To wesoły chłopak i straszny urwis – tak mówi babcia. Dzisiaj mama pozwoliła nam się pobawić na małej łodzi, która jest przycumowana do naszego domu. No więc zamieniliśmy ją w łódź piracką, a Kasem wyciągnął z kieszeni czarną chustkę z wymalowaną na niej trupią czaszką i powiesił na wiośle.

– Każdy statek piracki ma flagę i kapitana! Ja będę kapitanem, a ty będziesz jednookim piratem, postrachem mórz i oceanów – oznajmił już na początku.

– Ale następnym razem to ja będę kapitanem, a ty moim majtkiem, czyli pomocnikiem, dobra? – powiedziałam, a on się zgodził, że będziemy się zamieniać rolami.

Właśnie szykowaliśmy się do abordażu, czyli takiego na niby przejścia na drugi statek wypełniony skrzyniami ze złotem i drogimi kamieniami, kiedy nagle Kasem poślizgnął się i starając się nie wpaść do wody… strącił nogą mojego smoka. Położyłam go na skraju łódki, no bo co jak co, ale piraci smoków nie mieli. Rzuciłam się, żeby ratować swoją zabawkę. Próbowałam wyłowić smoka z wody, ale on zanurzał się coraz głębiej i głębiej… Aż w końcu zniknął w morskiej otchłani. Wiedziałam, że sama nie mogę skoczyć do wody, bo choć umiem pływać, to jest tu bardzo głęboko i mogę utonąć tak jak smok. Pobiegłam do mamy i opowiedziałam, co się stało.

pływający supermarket

Mieszkańcy zatoki Ha Long żyją z łowienia ryb i sprzedawania ich na targu, wynajmują też łódki turystom, którzy przyjeżdżają, żeby zobaczyć ich zatokę. Niektórzy, tak jak mama Lien, gotują dla turystów jedzenie.

W kilkunastu wioskach zatoki Ha Long żyje kilka tysięcy osób. I nie zawsze mają czas, żeby popłynąć na zakupy do sklepu, dlatego sklepy przypływają do nich nawet kilka razy dziennie.

Pływające sklepy są bardzo popularne w Azji. Wielu mieszkańców Wietnamu żyje nad wodą, dlatego często najłatwiej i najszybciej jest im dopłynąć do celu właśnie łódką.

Ta pani sprzedaje owoce i warzywa, ale w Ha Long są też pływające restauracje.

Wietnamki uważają, że jasna skóra jest bardzo piękna, dlatego nie chcą się opalać.

Przed słońcem chronią kapelusz i chustka, którą zasłaniają sobie twarz i rękawiczki.

Noszą koszule z długimi rękawami i spodnie, choć na wodzie jest bardzo gorąco.

Po wodach zatoki Ha Long pływają drewniane łódki takie jak ta, ale też wielkie statki wożące turystów, tratwy i kajaki.

Wietnamczycy jedzą bardzo dużo warzyw, owoców i ryżu. Ich potrawy są bardzo kolorowe, starają się, żeby każda z nich miała co najmniej pięć barw. Jedzą też bardzo dużo ryb i owoców morza.

– Lien, miałaś pilnować swoich zabawek! Powinnaś położyć smoka na półkę, zanim zaczęłaś się bawić, a nie zostawiać go na skraju łódki – mama się zdenerwowała. – Ale wiem, że to była twoja ukochana zabawka i dobrze, że wykazałaś się dużą odpowiedzialnością i nie wskoczyłaś sama do wody – westchnęła i mnie przytuliła.

A ponieważ było mi bardzo smutno i łzy napłynęły mi do oczu, mama powiedziała:

– No już, popłacz sobie. Czasami tak w życiu jest, że tracimy, gubimy albo niechcący niszczymy rzecz, którą bardzo lubimy, i wtedy jest nam bardzo przykro. Dlatego warto sobie popłakać, żeby wylać ten smutek, bo łzy, jak każda woda, mają oczyszczającą moc.

I kiedy tak siedziałam przytulona do mamy i sobie popłakiwałam, do domu wrócił tata. Rano wyprawił się po coś na ląd. Kiedy usłyszałam warkot motorówki, szybko otarłam łzy i pobiegłam go powitać. Tata już z oddali machał do mnie i głośno się śmiał. Wskoczył na tratwę i zza pazuchy wyjął coś piszczącego, malutkiego i brązowego.

Tato, kup mi... świnkę

Świnka wietnamska zwana zwisłobrzuchą to zwierzątko jak najbardziej domowe, tak jak pies czy kot. Jest mniejsza od naszych świnek i pochodzi właśnie z Wietnamu.

Dzieciaki z zatoki Ha Long zwykle potrafią pływać, zanim jeszcze nauczą się chodzić. Mimo to zawsze ostrożnie chodzą po łodziach.

– Pies!!! – krzyknęłam szczęśliwa. – Mały szczeniaczek dla mnie!!!

Bo ludzie w Ha Long mają w swoich pływających wioskach pieski, które też mieszkają na wodzie i jedzą ryby. A ja zawsze marzyłam o psie.

– Lien, zapisałem cię też do szkoły, ale rok szkolny zaczyna się dopiero po wakacjach, za dwa miesiące, więc zdążysz się do tej pory zaprzyjaźnić ze szczeniaczkiem – powiedział tata. – Jak będziesz szła do szkoły, to przeprowadzisz się do wujka i cioci. Ale rozmawiałem już z nimi i zgodzili się, że będziesz mogła zabrać ze sobą psa – dodał.

Dzięki temu może będę trochę mniej tęskniła za domem. Bo faktycznie przeprowadzam się do miasta, do Ha Long, które nazywa się tak samo jak nasza zatoka. I będę mieszkała w normalnym domu zamiast na łodzi i będę chodziła do szkoły... Na pewno będzie mi brakowało rodziców,

Wietnamczycy są bardzo rodzinni. Na wodzie żyją całe wielopokoleniowe rodziny i wszyscy spotykają się na obiedzie, tym razem dołączyła do nich Martyna, która przyjechała zobaczyć zatokę Ha Long.

ale przecież trzeba chodzić do szkoły, jak się chce umieć czytać, pisać i żeby móc podróżować. A ja bardzo bym chciała jeździć po świecie, do tych wszystkich miejsc, skąd przyjeżdżają do nas turyści – do Europy, Ameryki i Australii. Dlatego myślę sobie, że nawet jak będę trochę tęskniła, to warto popłynąć do miasta do szkoły, bo tu na wodzie, w pływających wioskach, szkoły przecież nie ma. A do rodziców będę wracała na wakacje.

Wieczorem, kiedy zapadł zmrok, cała moja rodzina usiadła na hamakach powieszonych na tarasie i wszyscy rozmawiali o minionym dniu i planach na przyszłość. Woda szumiała i bujała tratwą, hamaki się kołysały, wszędzie pachniało rybami. Napracowałam się dzisiaj, pomagając mamie, świetnie się bawiłam i zyskałam nowego przyjaciela – pieska Czana. Ale straciłam ukochaną zabawkę…

– Twój smok nadal będzie się tobą opiekował, bo smoki potrafią żyć nawet pod wodą – powiedziała moja mądra i kochana babcia.

A ja pomyślałam, że mieszkanie na wodzie ma wiele minusów… Kiedy są wiatr i sztorm, domy bardzo się kołyszą, a kiedy pali mocne słońce, to nie mogę tak jak Ty schować się w cieniu drzewa i odpocząć. Nie mogę pobiegać po podwórku, odwiedzić kolegi albo pójść do szkoły. A kiedy coś zgubię, na przykład kredki albo gumkę do ścierania czy ulubioną zabawkę, to muszę czekać czasami nawet kilka dni, aż przypłynie sklep ze szkolnymi przyborami i będzie można kupić nową rzecz. No i najważniejsze – trzeba być cały czas ostrożnym, żeby nie wpaść do wody. Ale wspaniale jest jednak żyć w wiosce na wodzie i mieć taką wyjątkową rodzinę jak moja!

modelki z załoki Ha Long

Tuniki szyte są z pięknych, często ręcznie malowanych albo haftowanych materiałów.

Z okazji świąt i ważnych rodzinnych uroczystości kobiety w Wietnamie zakładają tradycyjne stroje. Są to długie przylegające do ciała tuniki noszone na spodniach. Nazywają się one *ao dai*.

al może służyć
nakrycie głowy.
bo nosi się go
a ozdoby.

Bambusowy kapelusz
o stożkowatym kształcie
chroni przed słońcem.

Ponieważ w Wietnamie
jest bardzo gorąco,
trzeba mieć wachlarz.

Dawniej kolory *ao dai* miały znaczenie. Ponieważ biały oznacza w Wietnamie niewinność, suknie w tym kolorze nosiły dziewczynki, starsze ubierały się na pastelowo, a mężatki w intensywne kolory. Dziś, jak widać na zdjęciu, dziewczynki wybierają takie kolory, jakie lubią najbardziej.

W Wietnamie żyje też wiele grup etnicznych, które mają własne oryginalne stroje. Ale większość mieszkańców tego kraju ubiera się tak, jak my.

Podwodny świat też jest bajecznie kolorowy i przypomina rajski ogród. Rosną w nim koralowce wyglądające jak drzewa obsypane kwiatami, krzewy albo łąki. Wśród nich pływają tysiące ślicznych rybek i innych stworzeń morskich.

Niebieska ryba z płetwami przypominającymi welon to bojownik wspaniały. Ma 7 centymetrów długośc

Dyskowiec jest płaski

Błazenek, czyli filmowa rybka Nemo.

Skrzydlica pstra albo ryba motyl jest jadowita.

podwodny ogród

Mandaryn wspaniały ma około 10 centymetrów.

Karaś ozdobny zwany złotą rybką.

Najeżka, gdy się zdenerwuje, nadyma swoje ciało tak, że przypomina kolczastą kulę.

Ustniczek cesarski – jego ubarwienie zmienia się z wiekiem.

tematy do rozmowy

Jak się czujesz, kiedy stracisz ulubioną rzecz, na przykład zabawkę?

Ludzie mają swoje ulubione rzeczy – zabawki, ubrania, kolczyki, buty i czapki. Niestety bardzo często jest tak, że rzeczy, kiedy się ich używa, niszczą się, mogą się zgubić albo przez nieuwagę popsuć. Czy przypominasz sobie, jakie to uczucie, kiedy traci się ulubioną rzecz, wyrasta się z ulubionej piżamki albo wysłużone buty do piłki nożnej po prostu się rozpadają? Czuje się wtedy złość albo smutek i jest to zupełnie naturalne. Bo kiedy tracimy coś ważnego, jest nam z tym źle. Czasami możemy odczuwać pustkę, a nawet tęsknotę. Ale są sposoby, żeby poradzić sobie z takimi uczuciami – możemy opowiedzieć o tym swojemu przyjacielowi, możemy sobie popłakać (to żaden wstyd), możemy narysować tę rzecz i przykleić na tablicy. Czas będzie mijał, a wraz z nim smutek będzie coraz mniejszy. Ale pocieszające jest to, że niektóre ulubione rzeczy czasami zostają z nami na zawsze. Zapytaj swoich bliskich, czy mają jakieś pamiątki z dzieciństwa – może jest to ulubiony wysłużony miś albo wyszczerbiony serwis dla lalek, albo serwetka wyhaftowana przez prababcię?

Lien lubi się bawić w piratów. Pamiętaj, że prawdziwy pirat musi mieć kapelusz i opaskę na jednym oku.

Dzieciaki w Wietnamie uwielbiają puszczać latawce. To świetna zabawa, szczególnie jeżeli latawiec zrobicie własnoręcznie.

Jak myślisz, czy Lien dobrze zrobiła, że przyznała się mamie do przygody na tratwie i zgubienia smoka?

Kiedy Lien w czasie zabawy z kuzynem straciła ukochaną zabawkę, pobiegła od razu do mamy i się przyznała. Wiedziała, że mama będzie na nią zła, że nie szanuje zabawek i przez to jej smok utonął. Ale wiedziała też, że mamie można powiedzieć wszystko. To było bardzo mądre ze strony Lien. Twoi bliscy zawsze chcą dla Ciebie jak najlepiej i możesz się z nimi dzielić wszystkimi swoimi problemami. Często jest tak, że zrobiliście coś złego i boicie się przyznać. Ale lepiej jest to powiedzieć od razu. Być może dzięki temu problem zostanie szybko rozwiązany. Na przykład kiedy przyniesiecie do domu złą ocenę i odważnie się przyznacie, rodzice pomogą Wam w nauce i szybko poprawicie zły stopień. Rodzice mogą w pierwszym momencie się zezłościć, ale kiedy trochę ochłoną, na pewno docenią Was za odwagę i pomogą rozwiązać sytuację. Dokładnie tak jak mama Lien, która najpierw się pogniewała, a potem pochwaliła dziewczynkę, że ta nie wskoczyła do wody.

Matina
żywa
bogini
z Nepalu

Katmandu, stolica Nepalu

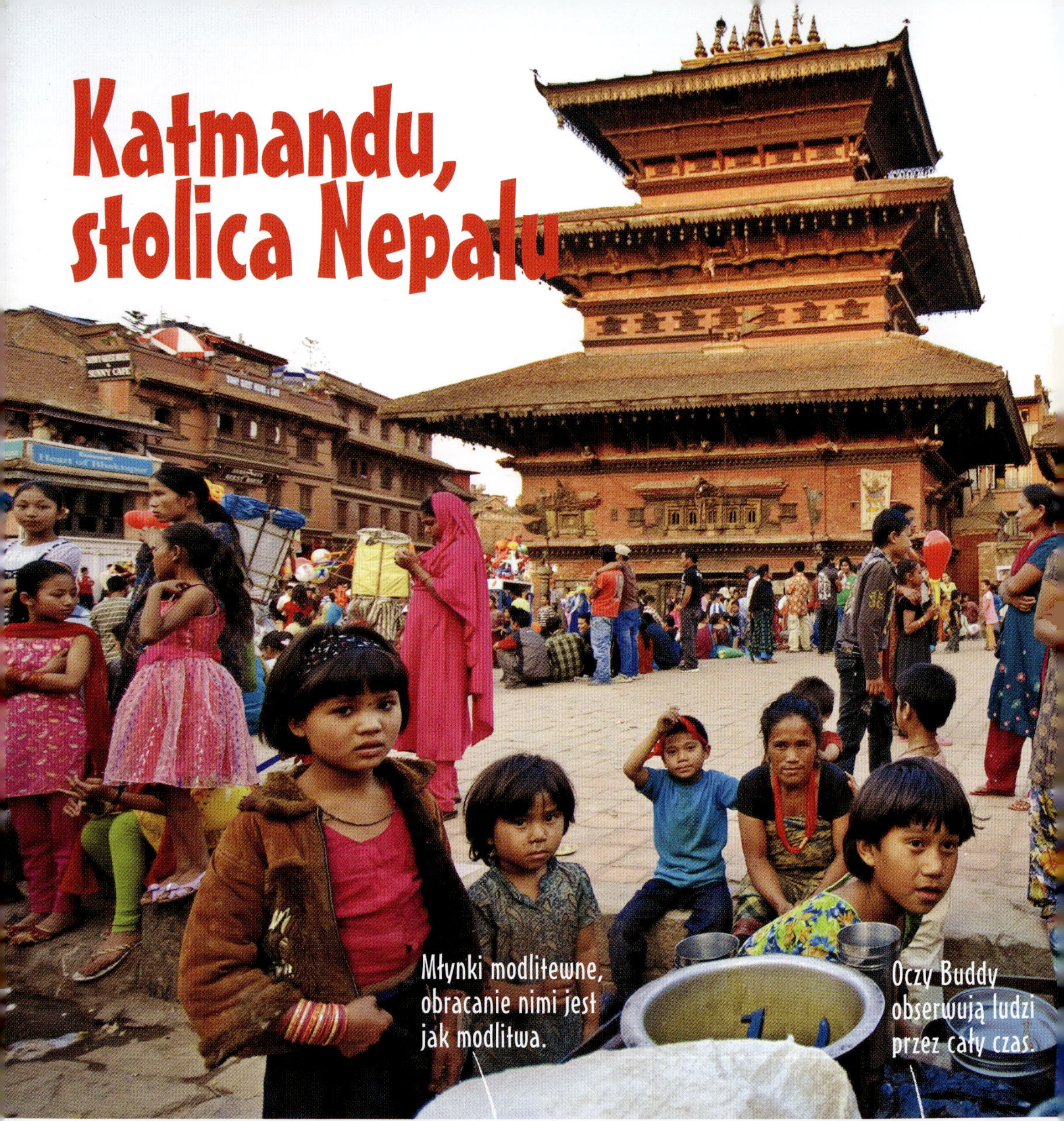

Młynki modlitewne, obracanie nimi jest jak modlitwa.

Oczy Buddy obserwują ludzi przez cały czas.

Nepalski chłopiec, który jest mnichem w klasztorze.

Katmandu to stolica Nepalu. To także wspaniałe miasto. Mówi się, że mieszka w nim więcej bogów niż ludzi, dlatego są tu tysiące świątyń. To tu, na placu Durbar, mieszka w swoim pałacu Matina, żywa bogini, czyli Kumari.

Mam na imię Matina i jestem Kumari, czyli żywą boginią. Pewnie zastanawiasz się, co to znaczy być żywą boginią? Wyobraź sobie, że to trochę tak, jak być księżniczką albo księciem, kiedy ludzie traktują Cię naprawdę wyjątkowo, padają Ci do stóp, służą Ci i właściwie wszystko za Ciebie robią. Wydaje Ci się pewnie, że to życie jak z bajki, prawda? Ale wyobraź sobie, że masz na półce w pokoju mnóstwo wspaniałych zabawek, którymi nie wolno Ci się bawić. Możesz wziąć je do ręki tylko kilka razy w roku. Tak jest właśnie ze mną – mam władzę i całą szafę pięknych sukienek, ale mogę wychodzić z domu tylko z okazji wielkich świąt... Już mi chyba tak bardzo nie zazdrościsz?

Opowiem Ci więc, jak wygląda moje życie. Mieszkam w pałacu-świątyni w samym centrum Katmandu, czyli stolicy Nepalu. To wspaniała rezydencja ozdobiona drewnianymi dekoracjami przedstawiającymi boginie, demony i inne niesamowite postaci, a wyglądającymi tak realnie, jakby nie zostały wyrzeźbione, tylko zaklęte w drewnie. Mój pałac jest niewielki, ale pod oknami wciąż stoją ludzie, którzy chcieliby mnie zobaczyć choć na chwilę, bo uważają, że to przyniesie im szczęście. Do środka jednak gościom wchodzić nie wolno.

To z tych okien Kumari pozdrawia ludzi.

Najważniejsze święto nepalskie to Indradźatra, które trwa trzy dni. W tym czasie Kumari opuszcza swój pałac, a tysiące ludzi wychodzą na ulice, żeby złożyć jej pokłon i poprosić o błogosławieństwo.

Od kiedy zostałam żywą boginią, nie mogę sama chodzić, tylko cały czas jestem noszona na rękach, ponieważ moje stopy nie mogą dotknąć ziemi i się pobrudzić. Codziennie rano pani Kanti, która jest moją ukochaną opiekunką, pomaga mi wstać z łóżka i wyszykować się – umyć, ubrać i odpowiednio umalować. Bo jako Kumari muszę mieć makijaż, choć mam dopiero osiem lat. Pani Kanti maluje moje oczy czarną kredką, na czole robi mi „trzecie oko", czyli symbol bogini, maluje też moje usta na czerwono. Potem podaje mi śniadanie.

– Zjemy dziś razem? – pytam jej czasem.

– Nie, Matino. Jesteś boginią, a przecież nikt nie może bogini przeszkadzać – słyszę to każdego dnia.

A ja chciałabym po prostu usiąść rankiem z kimś do stołu, pożartować, wypić herbatę, opowiadając sobie, co nas dziś czeka. Wyobrażam sobie, że wspólne śniadanie to musi być cudowny początek dnia.

Po posiłku przychodzi nauczyciel, który uczy mnie pisać i czytać. On nigdy się nie uśmiecha, więc w myślach nazywam go Pan Ponury.

uczta bogini

Kumari musi jeść zawsze sama i nikt nie może jej wtedy oglądać. Nie wolno jej na przykład spożywać kurczaka, za to może zajadać się pysznymi pierożkami momo i popijać je herbatą – to typowe nepalskie jedzenie.

W górach Nepalu, czyli w Himalajach, nie ma dróg i nie jeżdżą samochody. Wszystkie bagaże noszą ludzie albo zwierzęta. Czasami taka karawana idzie nawet przez dwa tygodnie, żeby dotrzeć do odległych wiosek.

– A nie możemy dziś się po prostu pobawić? – pytam więc Pana Ponurego.

– Matino, jako bogini musisz być poważna – odpowiada mi nauczyciel jak zwykle bez uśmiechu.

– No tak…

Ale przynajmniej mogę wreszcie coś powiedzieć na głos, bo wolno mi rozmawiać tylko z panią Kanti i nauczycielem. Wreszcie moja opiekunka ubiera mnie we wspaniałą czerwonozłotą sukienkę, maluje mi stopy na czerwono i sadza na tronie w oknie pałacu. Patrzę stąd na zgromadzonych na dziedzińcu ludzi i pozdrawiam ich z daleka.

Moje życie nie zawsze tak wyglądało. Byłam zwyczajnym dzieckiem, mieszkałam z rodzicami w małym domu na przedmieściach Katmandu. To gwarne miasto, gdzie jest dużo ludzi, a mówi się, że jeszcze więcej bogów i bogiń, więc świątynie są tu dosłownie na każdym kroku. Ale jednym z ważniejszych bóstw w Katmandu jest właśnie Kumari.

Takie boginie jak ja od wieków chroniły rodzinę królewską w Nepalu, a teraz, kiedy już nie mamy króla, tylko prezydenta, otaczają opieką cały naród. Według Nepalczyków Kumari ma cudowną moc i wszyscy przychodzą do mnie po błogosławieństwo, czyli żebym życzyła im szczęścia. Tylko że ja nie mogę mówić, więc po prostu dotykam ich czół, co sprawi, że dobrze im się będzie wiodło.

Pamiętam, że z okna mojego domu rodzinnego roztaczał się wspaniały widok na Himalaje... Pewnie wiesz, że to najwyższe góry na ziemi, które leżą w sercu Azji. Ja mieszkałam u ich podnóża. Wspinacze z całego świata przyjeżdżają do Nepalu, bo ich marzeniem jest wejść na Mount Everest, najwyższą górę świata.

silny jak jak

To zwierzę podobne do krowy, tylko że ma długą i gęstą sierść, żeby było mu ciepło, kiedy wędruje przez góry. Potrafi nosić bardzo ciężkie pakunki. Daje mleko, wełnę i mięso.

– A wiesz, córeczko, że droga na szczyt Mount Everestu zajmuje wspinaczom nawet dwa miesiące? – powiedziała mi mama, kiedy jeszcze mieszkałam w moim rodzinnym domu. – Ale najbardziej niesamowite jest to, że wierzchołek jest tak wysoko, że aby się tam dostać, czasami przechodzi się przez chmury. A kiedy już się stanie na szczycie, to ma się te chmury pod stopami. I one wyglądają jak morze waty cukrowej!

Zachwycił mnie ten opis i pomyślałam, że kiedyś też chciałabym się wspinać i wejść na szczyt najwyższej góry na ziemi. To musi być niesamowite – mieć cały świat pod stopami!

Ale nie wiem, czy kiedyś zostanę himalaistką, bo miałam cztery lata, kiedy wybrano mnie na żywą boginię. Jak to się stało? Wyobraź sobie, że ktoś przychodzi do Ciebie do domu, zabiera Cię od mamy i mówi:

Kumari w dni świąteczne noszona jest w lektyce – to takie specjalne „nosze", na których siada bogini, a opiekunowie niosą ją wysoko, żeby ludzie mogli się jej kłaniać.

– Od dziś jesteś boginią.

Dziwne, prawda? Ale nie każde dziecko może być Kumari. Tylko dziewczynka może zostać żywą boginią, musi jednak spełniać aż 32 warunki. Przede wszystkim musi się urodzić w odpowiedniej rodzinie, mieć dobry horoskop, czyli los zapisany w gwiazdach, i stosowny wygląd. Mówi się, że Kumari powinna mieć oczy wielkie i łagodne jak krowa, a serce mężne jak lew. No i najważniejsze – nie może mieć na ciele ani jednego skaleczenia, zadrapania czy skazy. Ja spełniałam wszystkie warunki.

Mimo że byłam taka mała, musiałam rozstać się z rodzicami i przenieść się do pałacu w centrum Katmandu. Na początku ucieszyłam się i pomyślałam, że to przecież wspaniale mieszkać w pałacu.

– Będę żyła jak księżniczka! – wykrzykiwałam i tańczyłam z radości w salonie naszego domu. – Będę taka ważna, że wszyscy będą mi usługiwać, będę się ładnie ubierać i przyjmować gości.

Myślałam, że czeka mnie wielka wspaniała przygoda, taka jak w bajkach, które czytała mi mama na dobranoc. Pożegnałam się z rodzicami, a pani Kanti, której wtedy jeszcze nie znałam, ale wiedziałam, że od tej pory będzie się mną opiekować, zabrała mnie w nowe miejsce.

zrób się na bóstwo

Do cech fizycznych, którymi musi odznaczać się Kumari, należą nawet: odpowiedni kształt paznokci, pierś „podobna do lwiej", szyja „jak muszla morska", mały język, długie rzęsy – w sumie 32 cechy doskonałości.

Kumari nosi sukienki w kolorach czerwieni i złota. Możesz też się tak ubrać! Nie zapomnij o złotej koronie, choć ta, którą nosi Kumari, wygląda inaczej niż korona księżniczek z bajek... Może wytniesz taką z papieru i okleisz złotkiem?

Często Kumari mają paznokcie pomalowane na czerwono i noszą bardzo dużo biżuterii – bransoletki, naszyjniki.

Niektóre dziewczynki rodzą się księżniczkami, ale Kumari jest wybierana na żywą boginię spośród normalnych dzieci. Od tego momentu nie może się już bawić, wygłupiać i powinna być bardzo poważna.

Uważa się, że Kumari to wcielenie bogini Taledźu, która może ujawnić się tylko w ciele małej dziewczynki. Dlatego na Kumari zostaje wybrana dziewczynka w wieku kilku lat i pełni tę funkcję do momentu, kiedy stanie się kobietą.

Kumari maluje się, mimo że jest tylko małą dziewczynką. Na czole ma tak zwane trzecie oko mądrości.

Ważnym elementem stroju są też kwiaty. Koniecznie czerwone!

Wprowadzono mnie do wielkiego, zimnego, ciemnego pokoju i musiałam spędzić tam sama całą noc. Za zamkniętymi drzwiami dorośli nasłuchiwali, czy płaczę. Byłam tak przerażona, że strach odebrał mi głos, a łzy uwięzły w gardle. Rano drzwi się otworzyły, wszyscy się śmiali, radowali, a pani Kanti powiedziała:

– Matino, jesteś bardzo odważna i dzielna. Właśnie zdałaś ostatni test! Teraz nie mamy już wątpliwości, jesteś boginią i od dziś twoje życie całkowicie się zmieni. Będziesz pomagać ludziom, a to bardzo ważna i odpowiedzialna rola. Wszyscy na ciebie liczymy i wierzymy, że dasz sobie radę.

Okazuje się, że gdybym wtedy, będąc sama w tym strasznym pokoju, zaczęła płakać, toby znaczyło, że nie jestem prawdziwą boginią. Bo prawdziwa Kumari nigdy nie płacze.

Od tego dnia minęły już trzy lata, które spędziłam w murach mojego pałacu, prawie z niego nie wychodzę. Można powiedzieć, że żyję w złotej klatce, bo mam wszystko poza wolnością. Ale raz na jakiś czas, kiedy jest wielkie święto, mogę w końcu wyjść na zewnątrz. Zdarza się to dokładnie 13 razy w roku. I taki dzień wypada dziś!

Od rana jestem podekscytowana, a pani Kanti ubrała mnie szczególnie elegancko i zrobiła mi wyjątkowo piękny makijaż.

– To będzie wspaniały dzień! Dziś jest Indradźatra, czyli najważniejsze święto w roku – powiedziała z uśmiechem.

Silny pan opiekun wynosi mnie teraz na rękach, żebym nie dotykała ziemi, i sadza na tronie na specjalnym, pięknie przystrojonym wozie. Zaczyna się uroczysta procesja.

W dolinie Katmandu mieszka kilka Kumari, ale najważniejsza jest zawsze Kumari Królewska, która ma największą moc i chroni wszystkich mieszkańców Nepalu.

Jadę przez tłum ludzi, a oni wręczają mi dary, owoce, słodycze, całują mnie w stopy i błagają o błogosławieństwo. Jest nawet ekipa telewizyjna z Polski, która filmuje nasze święto i robi program o moim życiu. W pewnej chwili podbiega do mnie dziewczynka i daje mi w prezencie lalkę. Chciałam podziękować, ale nie mogę się przecież odzywać, więc spojrzałam tylko na nią i lekko się uśmiechnęłam.

– Mamo, Kumari na mnie spojrzała! Będę miała szczęście! – zaczęła głośno wołać, a ja pomyślałam, że chciałabym się po prostu pobawić z tą dziewczynką.

Chyba jest w moim wieku, ma, tak samo jak ja, ciemne włosy i czarne oczy, wygląda tak sympatycznie. Ale ja nie mogę się bawić z nikim

z zewnątrz, a zresztą ta dziewczynka zaraz zginęła w tłumie ludzi i nawet nie wiem, jak ma na imię...

Często podchodzą do mnie dzieci. Pamiętam chłopca, który miał siedem lat, ale nie potrafił mówić. I gdy go pobłogosławiłam, on szybko wyzdrowiał. Nie mam pojęcia, dlaczego tak się dzieje, ale czuję się szczęśliwa, że mogę komuś pomóc i go uzdrowić. Bardzo się wzruszyłam, kiedy ten chłopiec przemówił po raz pierwszy w życiu, ale nie mogłam tego okazać, ponieważ Kumari musi być poważna, a jej twarz nie może wyrażać ani smutku, ani radości, bo podobno bogini to nie wypada... W każdym razie wszyscy tak mi mówią.

Nagle dostrzegam moich rodziców! Tak dawno ich nie widziałam i chcę krzyczeć: „Mamo! Tato!", ale wiem, że muszę zachować powagę, przecież wszyscy na mnie patrzą. Oni też nie mogą traktować mnie jak swojej małej córeczki, przytulić, wziąć na kolana – ale i tak się cieszę, że wreszcie ich widzę!

Rodzice, tak jak inni ludzie, ustawiają się w kolejkę. Kiedy w końcu podchodzą do mnie, całują mnie po stopach, a ja maluję im na czołach tilakę, czyli taką kropkę ze specjalnego proszku, i w ten sposób ich błogosławię. Niestety nie mogę z nimi porozmawiać...

– Matino, zaraz masz spotkanie z panem prezydentem i musisz się przygotować – opiekunka szepcze mi do ucha i popędza mnie.

Mieszkańcy Nepalu wierzą, że błogosławieństwo Kumari ma moc uzdrawiającą. Dlatego cierpliwie stoją po nie w długich kolejkach.

Uff! Wreszcie kończy się ten szalony dzień. Pobłogosławiłam już wszystkich, więc mogę wrócić do swoich komnat i odpocząć. Patrzę teraz przez okno na plac, na którym bawią się dzieci. Nawet nie wyobrażasz sobie, jak bardzo bym chciała pobawić się z nimi, pograć w piłkę, poskakać, pobiegać za gołębiami – a przed moim domem jest ich mnóstwo. Ale niestety jestem żywą boginią, a Kumari nie może robić nic, co mogłoby spowodować, że się skaleczy. Dlaczego? Bo krew sprawiłaby, że straciłabym moją moc bogini i nie mogłabym już nikomu pomóc, przestałabym być Kumari.

Kładę się więc do łóżka, ale mam w głowie zupełny mętlik.

– Kanti! – wołam moją opiekunkę. – Z jednej strony cieszę się, że jestem boginią, wszyscy mnie szanują, czczą i wywyższają, a z drugiej

Kumari nie chodzi do szkoły, tylko nauczyciel przychodzi do niej. Kiedy mama chce z nią porozmawiać, to też musi się pokłonić i poprosić o błogosławieństwo, czyli czerwoną kropkę na czole (tak zwaną tilakę).

strony jestem przecież zwyczajną dziewczynką, która chce się bawić, biegać, cieszyć i przytulać do swojej mamy...

– To, co czujesz, jest zupełnie naturalne i normalne – tłumaczy mi kochana Kanti i gładzi mnie po włosach. – Emocje są elementem naszego życia tak jak to, że musimy jeść i oddychać. Nie ma złych i dobrych emocji, one po prostu są i trzeba je odczuwać. Jest nam łatwiej zrozumieć nasze emocje, kiedy je nazwiemy. Czasami jest to radość, czasami zdziwienie, smutek, tęsknota, rozczarowanie lub złość. Jako bogini nie powinnaś okazywać emocji, ale to oczywiste, że je czujesz. Przecież czuć emocje a pokazać emocje to zupełnie inne sprawy, prawda?

Kumari mieszka w pięknym pałacu, ma wspaniały tron i ludzi, którzy jej służą, ale w tym wielkim pałacu czuje się bardzo samotna. Nie może się już doczekać, kiedy znów będzie normalną dziewczynką i wróci do rodziców.

– Wiem, ale tak trudno być boginią... Kiedyś wydawało mi się, że to wspaniale żyć jak księżniczka, a teraz chciałabym wrócić do mojego domu, do rodziców...

– Matino, kiedy zaczniesz dorośleć i z dziewczynki zamienisz się w nastolatkę, stracisz moc bóstwa. Wtedy znów staniesz się zwykłym człowiekiem, a na twoje miejsce przyjdzie nowa mała Kumari. Wtedy będziesz musiała nauczyć się żyć wśród ludzi.

– Ale ja nie wiem, czy potrafię być znów zwykłą dziewczynką... – mówię niepewnie, bo faktycznie martwi mnie to, że będę musiała sama ścielić moje łóżko, że mama wyśle mnie po zakupy, a ja przecież nigdy nie byłam w sklepie... Albo że wtedy trzeba będzie sprzątać swój pokój, a tu mam panią gosposię.

– Ale za to będziesz jeść posiłki przy stole, z całą rodziną! – mówi pani Kanti wesoło. – I będziesz mogła bawić się z koleżankami i nikt nie będzie cię prosił o błogosławieństwo.

I tak sobie myślę, że to faktycznie musi być wspaniałe! Jaki spokój!

– Kanti, będę mogła sama pójść do szkoły, a po drodze zatrzymać się w sklepiku i kupić czekoladę lub lizaka?

– Oczywiście – moja opiekunka uśmiecha się szeroko. – W szkole na przerwach będziesz śmiać się z koleżankami, a wieczorem przytulać się do mamy!

I chyba wszystko w mojej małej główce się rozjaśnia... Myślę sobie, że choć zwykłe życie jest o wiele trudniejsze od życia Kumari, to jest za to dużo ciekawsze!

Młynek modlitewny ma wypisane mantry, czyli modlitwy.

Sadhu zwykle praktykują jogę i potrafią robić niesamowite figury!

Kankum to czerwony proszek używany do obrzędów hinduistycznych. Kolor czerwony przynosi w Indiach i Nepalu szczęście.

święci mężowie

Mala, czyli sznur modlitewny – każdy zrobiony jest ze 108 pestek drzewa rudraksza (mala wąskolistna).

Niektórzy sad
poszczą przez
wiele dni.
Wyobraź sobi
że czasem nie
biorą jedzenia
do ust nawet
przez miesiąc

Sadhu to hinduscy święci mężowie. Są ascetami, z własnej woli rezygnują z wszelkich dóbr – nie mają domów, ubrań, przedmiotów. Cały czas wędrują i dużo się modlą. Sadhu też cały czas poszczą, czyli bardzo mało jedzą.

Słowo *sadhu* pochodzi z sanskrytu (to bardzo stary język) i znaczy „dobry człowiek". Bo faktycznie – są to dobrzy i mądrzy ludzie.

tematy do rozmowy

Czy dobrze jest być księżniczką lub księciem?

Czy myślisz o tym, że to fajnie być kimś ważnym: władcą, wszechmogącym czarodziejem, księżniczką, królem? Pewnie tak – każdy czasami o tym myśli. Ale kiedy marzymy o tym, żeby być kimś wyjątkowym, myślimy tylko o zaletach tej sytuacji. Że będziemy mogli o wszystkim decydować, na przykład żeby na obiad były ciastka i lody, ubierać się na co dzień w najelegantsze ubrania, nie chodzić do przedszkola i szkoły, cały dzień się bawić i wszystkim rozkazywać. Niestety bycie księżniczką czy królem ma chyba więcej wad niż zalet. Wszystkie ważne decyzje księżniczka musi podejmować z pełną odpowiedzialnością, a to bardzo trudne. Nie wypada jej szaleć i wygłupiać się z dziećmi – cały czas musi być elegancka i poważna. Musi też cały czas uważać, żeby się nie pobrudzić. A Kumari, czyli żywa bogini, nie może się też skaleczyć, bo wtedy straci swoją moc. No i większość ludzi wykonuje rozkazy takiej ważnej osoby, oddaje jej pokłony i służy, ale to nie jest prawdziwa przyjaźń. Chyba jednak lepiej być zwykłym dzieckiem, które może biegać po podwórku, skakać przez kałuże i nikomu nie rozkazywać, tylko razem podejmować w zabawie decyzje. Co o tym myślisz?

CZY WIESZ, ŻE

Księżniczki lubią róż – kolor, który jest połączeniem białego i czerwonego. Jeżeli zmieszasz żółtą farbę z niebieską, otrzymasz zieleń, niebieska z czerwoną da fiolet. Łączenie kolorów to świetna zabawa!

ZRÓB TO SAM

Mandala to w kulturze buddyzmu i hinduizmu rodzaj malowanego obrazu. Możesz spróbować stworzyć coś takiego – najczęściej to wzór kwadratu wpisany w koło, które symbolizuje wszechświat.

Jak myślisz, czy trudno jest nie pokazywać emocji?

Emocje, tak jak tłumaczyła opiekunka Matiny, towarzyszą nam cały czas. Są całkowicie naturalne i nigdy nie są złe. Ale zaraz, zaraz... Pewnie myślisz, że takie emocje jak złość, gniew, zazdrość są złe. Otóż wcale nie. Zły może być tylko sposób, w jaki te emocje pokażemy. Zobacz, to zupełnie tak jak ogień – może spalić, zniszczyć i oparzyć, ale może też ogrzać nas przy kominku, możemy ugotować na nim pyszny obiad. Kiedy czujemy złość, możemy krzyczeć, bić czy tupać i to nie jest dobre. Ale możemy też założyć pudełko złości – ozdobić je czerwonymi piorunami, żeby wszyscy wiedzieli, o co chodzi, i włożyć tam szeleszczącą bibułę. Kiedy coś nas zezłości, podchodzimy do pudełka i drzemy czy gnieciemy bibułę. Nikomu tym nie robimy przykrości, a złość z nas ulatuje. Ważne jest, żeby na co dzień rozpoznawać i nazywać swoje emocje. Spróbuj mówić: jestem szczęśliwy, jestem smutny, jest mi przykro, jestem zła, jestem zazdrosna. Dzięki temu będzie nam łatwiej te emocje pokazać i nad nimi zapanować.

Mebratu

wesoły pucybut

z Etiopii

Etiopia

Podziemne kościoły w Lalibeli to jeden z cudów świata. Zostały wykute w twardej skale i zupełnie nie widać ich z zewnątrz, dopiero gdy zbliżymy się do krawędzi skały, zobaczymy, jakie są ogromne. Codziennie przybywają tu pielgrzymi z całej Etiopii.

Chłopcy znad doliny Omo potrafią chodzić na szczudłach.

Tradycyjny etiopski strój to długa szata w białym kolorze.

Wodospady na Nilu słychać już z odległości kilku kilometrów.

Etiopia to duży kraj leżący we wschodniej Afryce. Przepływa przez nią Nil, najdłuższa rzeka świata, który tworzy tu spektakularne wodospady. Są tu podziemne kościoły, małpy z krwawiącymi sercami, najgorętsze miejsce na ziemi, czyli pustynia Danakil, a nad doliną Omo żyją niesamowite plemiona.

Góry w Etiopii wyglądają jak wielkie babki z piasku.

Mieszkam w Etiopii. To kraj, który leży we wschodniej Afryce i podobno żyją tu najpiękniejsi ludzie na ziemi – jesteśmy wysocy, smukli i mamy oliwkową skórę, nie tak ciemną jak inni mieszkańcy Afryki. Tu także rodzą się najlepsi biegacze na świecie. Wyobrażasz sobie przebiec ponad 42 kilometry w czasie niewiele dłuższym niż dwie godziny?! Niektórzy nie potrafiliby przejść takiej odległości w ciągu jednego dnia, a co dopiero przebiec! Większość ludzi już po jednym kilometrze dostaje zadyszki, mają kolkę i wszystkiego serdecznie dosyć, a potem muszą długo odpoczywać. Ale mieszkańcy Etiopii uwielbiają biegać, bo bieganie to nasz sport narodowy.

Wszystko zaczęło się dawno temu, kiedy pewien Etiopczyk wystartował na olimpiadzie w Rzymie. Nazywał się Abebe Bikila i nikt wcześniej o nim nie słyszał. Nie dość, że przebiegł te ponad 42 kilometry – to jeszcze zrobił to na bosaka, bo miał tak mało pieniędzy, że nie stać go było na porządne buty sportowe. Młody Abebe przegonił wszystkich zawodników i wygrał maraton, uznawany za najtrudniejszy bieg świata. Nikt nie mógł w to uwierzyć, a ludzie na trybunach przecierali oczy ze zdumienia!

Abebe Bikila został narodowym bohaterem Etiopii, a od tej pory każdy chłopiec chciał być taki jak on. Ja też chcę! Mam na imię Mebratu, mam dziewięć lat i wiem, że pewnego dnia też wystartuję na olimpiadzie i wygram maraton! Ale do tego czasu muszę naprawdę dużo trenować...

My w Etiopii zaczynamy biegać już od najmłodszych lat. Wiesz dlaczego? Etiopia to bardzo biedny kraj, dlatego uczniowie do szkoły nie są wożeni samochodami czy autobusami, jak u Ciebie. Po prostu musimy sami chodzić na piechotę.

Większość z nas mieszka na wsi i mamy daleko do szkoły, więc żeby się nie spóźnić na lekcje, zwykle pokonujemy całą drogę biegiem. A że w Etiopii są głównie wyżyny, to albo wbiegamy pod górkę, albo zbiegamy z górki, a to bardzo wyrabia kondycję. Spróbuj przez jakiś czas nie używać windy, tylko chodzić po schodach, a zobaczysz, jak szybko Twoje nogi staną się silniejsze!

Etiopia to także bardzo piękny kraj, przez który płynie Nil, najdłuższa rzeka świata. Żyją tu też dżelady, czyli małpy, które na klatce piersiowej mają fragment czerwonej nieowłosionej skóry – kształtem przypomina on serce. Jest tu też najgorętsze miejsce na ziemi, prawdziwe piekło, czyli pustynia Danakil. Są tu również podziemne kościoły wykute w skale, a legenda mówi, że stworzyły je anioły, bo żaden człowiek nie dałby rady tego dokonać. Z kolei nad rzeką Omo żyje mnóstwo niesamowitych plemion. Jedne ozdabiają swoje ciała kolorową glinką w różne wzory, kobiety z innego noszą gliniane krążki w wargach, niektórzy ludzie chodzą

tu na szczudłach albo organizują konkursy, kto zdoła przebiec po grzbietach krów nasmarowanych masłem… Niestety w wielu regionach tego pięknego kraju panuje straszna susza, która nie pozwala uprawiać roślin i hodować zwierząt. Susza, przez którą głodują ludzie.

Na pustyni Danakil jest tak gorąco jak w piekle. Temperatury sięgają tam nawet 50 stopni Celsjusza. To najgorętsze miejsce na ziemi. Nie ma tam ani wody, ani roślin. Są za to dymiące wulkany, gorące źródła i siarka. A piekło podobno pachnie właśnie siarką.

Dżelady śpią na skalnych półkach gór Semien. Żywią się niemal wyłącznie trawą. Samce od samic różnią się długimi grzywami. Małpy te żyją w stadach, którymi rządzi najsilniejszy samiec.

W Etiopii wiele kobiet miele mąkę własnoręcznie, używając do tego kamieni.

Sfermentowane ciasto, czyli takie, które stało w cieple przez kilka dni i trochę skwaśniało, smaży się jak naleśniki.

etiopska uczta, palce lizać

Podstawą posiłków w Etiopii jest kwaśny placek – indżera – robi się go z mąki zboża o śmiesznej nazwie miłka abisyńska. Wygląda jak duży szarobrązowy naleśnik.

Naleśnik podaje się z różnymi sosami warzywnymi, rzadziej mięsnymi.

W Etiopii nie używa się sztućców, a palce się oblizuje.

Placek rwie się rękami, macza w sosach i wkłada do ust.

Ale ja, choć mieszkam w takim biednym kraju, jestem bardzo szczęśliwy. Mam czarne kręcone włosy, duże ciemne oczy i białe zęby, które często pokazuję w szerokim uśmiechu. Bo przecież mam wspaniałe życie! Zawsze marzyłem o tym, żeby się uczyć, więc rodzice wysłali mnie do szkoły i teraz umiem już czytać i pisać.

Większość mieszkańców Etiopii jest rolnikami. Hoduje się tutaj wielbłądy, osły, kozy i owce, a uprawia się papaję, sezam, kukurydzę, pszenicę, orzechy i sorgo. W Etiopii pszczoły dają też rewelacyjny miód.

Dom, w którym mieszkamy, jest bardzo ładny, na podłodze wylany jest beton, na ścianach wiszą gobeliny i każdy ma swoje posłanie. Pewnie się dziwisz, że jestem zachwycony domem, w którym nie ma nawet drewnianej podłogi? No cóż, nie ma też łazienki ani kuchni, a mama gotuje na ogniu przed domem, nie mamy telewizora i radia. Ale wcześniej mieszkaliśmy w domu z tektury, bo moi rodzice byli bardzo biedni i tata musiał zbudować dom z różnych znalezionych odpadków. Teraz jednak wiedzie się nam dużo lepiej, a to dzięki temu, że wszyscy w mojej rodzinie pracują, także ja i mój młodszy brat.

Moi rodzice oczywiście woleliby, żebym tylko chodził do szkoły i się uczył, bo mam przecież dopiero dziewięć lat. Ale muszę zarabiać pieniądze, żeby kupić książki, zeszyty i ołówki oraz pomóc mamie.

Żeby mieć dużo siły, codziennie rano zjadam na śniadanie placek indżera, czyli taki duży naleśnik z warzywnym sosem. U nas je się rękami – w Etiopii rzadko kto używa sztućców. Po prostu rwie się placek po kawałku, macza w sosie i wkłada do buzi. A potem, kiedy już wyczyszczę talerz, biegnę na plac w centrum miasteczka. Jestem *listro*, czyli pucybutem.

czy wiesz, co jesz

Na świecie uprawia się wiele gatunków zbóż. Najwięcej jest kukurydzy, potem ryżu, pszenicy, jęczmienia, sorgo, prosa, owsa, żyta, pszenżyta, teffu, z którego robi się indżerę. Ale bardzo popularne są też rośliny bobowate, czyli bób, fasola, soja, soczewica, groch i cieciorka.

Z żyta robi się mąkę żytnią oraz otręby.

Ryż mieli się na mąkę, ale też robi się z niego płatki ryżowe.

Z pszenicy powstaje mąka pszenna, mąka krupczatka, pęczak, kasza manna, kuskus.

Kukurydzę przerabia się na mąkę kukurydzianą, płatki śniadaniowe, no i oczywiście popcorn. Ale gotowane kolby kukurydzy też są pyszne.

Soczewica przypomina posiekany groszek, może być czerwona, żółta, zielona.

Soja – z niej robi się mleczko sojowe, tofu, sosy używane w kuchni azjatyckiej.

Bób to taka wielka fasola, najlepszy jest świeży, gotowany.

na targowisku można kupić wszystko

pszenica jęczmień żyto ryż kukurydza owies proso

od pucybuta do milionera

Wielu najbogatszych dziś ludzi na świecie zaczynało swoją karierę od czyszczenia butów, sprzedawania pamiątek, sprzątania. Każdy może zostać milionerem.

Mam specjalny stołeczek, na którym siada klient, a ja nakładam na jego buty pastę, a potem czyszczę je specjalnymi ściereczkami i szczotkami. Jestem szybki i dokładny, dlatego mam dużo stałych klientów, którzy chcą, żebym to właśnie ja wyczyścił im buty! Bo buty wypastowane przeze mnie lśnią tak, że można się w nich przejrzeć jak w lusterku.

Często zabieram ze sobą na plac młodszego brata, który ma sześć lat. W tutejszym języku jego imię Tsehaj znaczy „Słońce" – i rzeczywiście mój braciszek jest tak pogodny jak słońce, choć też musi pracować. Tsehaj sprzedaje miswaki – takie patyczki do mycia zębów ze specjalnego drzewa. Miswak zawiera witaminę C, fluor i substancje, które zabijają bakterie, czyli wszystko to, czego potrzebują zęby, żeby były zdrowe.

Ty pewnie masz szczoteczkę i pastę do zębów? My w Etiopii po prostu rozgryzamy koniec patyczka, tak że robi się z niego pędzelek, i czyścimy nim zęby kilkanaście razy w ciągu dnia. W zasadzie robimy to w każdej wolnej chwili i dlatego mamy zdrowe białe zęby! I całe szczęście, bo w miasteczku jest tylko jeden dentysta, ale ponieważ i tak nie mamy pieniędzy na doktora, więc lepiej dbać o zdrowie, niż się leczyć, prawda?

Kiedyś marzyłem, że polecę do Europy, skończę studia medyczne i zostanę najlepszym lekarzem w Etiopii, ale potem zmieniłem zdanie. Ty też pewnie nie możesz się zdecydować, kim chcesz zostać w przyszłości? Dziś chcesz być nauczycielem, pojutrze żołnierzem albo kucharzem, a w niedzielę sprzedawcą w sklepie, bo to przecież bardzo fajne zajęcie. Niektóre dziewczyny marzą, żeby zostać baletnicami albo piosenkarkami. Na szczęście masz jeszcze dużo czasu, żeby podjąć właściwą decyzję.

Kiedyś widziałem taki film w kinie... A! No właśnie, jeszcze Ci nie powiedziałem, że w mojej miejscowości, Mekele, jest kino – uwielbiam wieczorami do niego chodzić, żeby oglądać filmy. Ty pewnie też lubisz chodzić do kina, usiąść w wygodnym, miękkim fotelu, jeść popcorn i oglądać przygody filmowych bohaterów? Kino u nas jest jednak zupełnie inne:

siedzi się tutaj na skrzynkach, stołkach i prostych drewnianych ławkach, a właściciel kina włącza telewizor. Tak, tak! Kino to po prostu zwykła sala telewizyjna. Ale dla nas to wielka atrakcja i dzieciaki z miasta często spędzają tu wolny czas, oglądają filmy i mecze piłki nożnej.

Któregoś dnia właśnie w naszym kinie obejrzałem film o tym sławnym biegaczu, który nazywał się Abebe Bikila. Był tak biedny, że na pierwsze zawody pojechał bez butów, a mimo to wygrał i został najlepszym biegaczem na świecie! Tego dnia postanowiłem, że od teraz codziennie będę biegał, aż będę tak szybki i wytrzymały jak wielki Abebe Bikila.

Po pracy biegnę więc do szkoły. Zawsze po południu, żeby rano móc pracować. W szkole pilnie się uczę, dużo czytam, ładnie piszę, a na

przerwach, kiedy chłopaki z klasy grają na podwórku w piłkarzyki albo ping-ponga, ja biegam, biegam, biegam... Mógłbym poświęcić cały czas na sport, ale uważam, że biegacz musi być też dobrze wykształcony – przecież nigdy nie wiadomo, kiedy ta wiedza może się w życiu przydać, prawda?

Dziś sobota, czyli mój ulubiony dzień. Do naszego domu przychodzą turyści na kawę. Bo moja mama potrafi robić prawdziwą etiopską kawę. Najpierw zrywa dojrzałe czerwone owocki z drzewek kawowych (każdy owoc ma w środku dwa ziarenka przytulone do siebie). Potem suszy je na specjalnych deskach, a na noc przykrywa liśćmi bananowca. Kiedy są już suche, mama praży je na blasze tak długo, aż zbrązowieją,

Nasiona kawy przechowuje się w specjalnych przewiewnych woreczkach, żeby nie zapleśniały.

W niektórych krajach kawę parzy się w tygielkach.

Kawowe krzaczki, żeby zaowocowały, muszą mieć dużo słońca i rosnąć wysoko w górach.

skąd pochodzi kawa

Kawa zawiera kofeinę, substancję, która ma właściwości pobudzające, dlatego pijemy ją rano, żeby się rozbudzić, i kiedy nie chcemy zasnąć. Kawa sprawia też, że lepiej nam się myśli. Ale jest tylko dla dorosłych.

Ojczyzną kawy jest Etiopia. Dawno temu pewien pasterz zauważył, że jego kozy po zjedzeniu owoców z kawowego krzaczka stają się bardzo ożywione. Sam więc też ich spróbował i od razu wstąpiła w niego energia. I tak została odkryta kawa.

Kawa może być mielona, w ziarnach i rozpuszczalna.

Gałązka z niedojrzałymi owocami kawy. W środku każdego owocu są dwa ziarenka.

Jeżeli ktoś poczęstuje Was w Etiopii kawą, nie można odmówić jej wypicia, gdyż jest to uważane za niegrzeczne.

Kawę trzeba wsypać do czajniczka, zalać wodą i zagotować. Potem czarny jak smoła napar wlewa się do filiżanek. W Etiopii pije się kawę bez mleka, dodaje się za to do niej przyprawy, sól i masło.

Dojrzałe owoce kawy zmieniają kolor na czerwony.

Świeże nasionka kawy przed zaparzeniem trzeba wyprażyć na patelni. A potem utłuc w moździerzu.

a potem tłucze w moździerzu. Nikt tu w Etiopii nie kupuje mielonej kawy, a tym bardziej rozpuszczalnej lub w kapsułkach do ekspresu. Picie kawy to u nas bardzo ważny rytuał!

Goście się rozsiedli i mama zaczyna parzyć napój, a ja jej pomagam.

– Mebratu, biegnij po wodę – woła mama, a ja od razu przynoszę wodę w specjalnym glinianym dzbanku.

Potem do wrzątku dodaje się utłuczoną kawę i mama rozlewa czarny napój do filiżanek.

– Wyborna! Wspaniała! – wszyscy goście się zachwycają.

A mama doprawia smolistą kawę różnymi przyprawami, cukrem, solą, a czasami też masłem. Jeżeli ktoś poczęstuje Cię w Etiopii kawą, nie wolno odmówić jej wypicia, bo to uważane jest za bardzo niegrzeczne.

– Kawy trzeba wypić trzy filiżanki i właśnie ta trzecia jest błogosławieństwem dla pijącego – mówi mama i dolewa napoju do filiżanek.

Nie dziw się, że tak lubię sobotę – w całym domu tak pięknie pachnie kadzidłami i kawą... Nie muszę też iść na plac do miasta, by czyścić buty, tylko rozmawiam z turystami i jeszcze często dostaję od nich cukierki albo gumę do żucia. W zeszłą sobotę dostałem nawet plastikowy czerwony długopis od jednej podróżniczki z Polski! Ma na imię Martyna i jest dziennikarką, która pisze książkę o moim kraju, o Etiopii. I Martyna zrobiła mi zdjęcie! Widziałem je tylko na ekranie jej cyfrowego aparatu, ale obiecała mi, że wyśle je pocztą, a ja wtedy powieszę je na ścianie mojego pokoju. No i bardzo się cieszę z prezentu od niej, bo do tej pory nie miałem długopisu, więc będę mógł jeszcze ładniej pisać na lekcjach kaligrafii. Teraz tylko ja i jeszcze jeden chłopak w klasie mamy długopisy!

W sobotę mama też ma zawsze dobry humor, bo tego dnia zarabia dużo pieniędzy i możemy pójść na targ, żeby kupić jedzenie, a potem odpoczywamy i jemy najlepszy obiad w całym tygodniu. Wreszcie wieczorem zasypiam przykryty utkanym przez mamę dywanikiem i marzę, że jak będę już tak sławnym biegaczem jak Abebe Bikila, to wygram maraton. A za zarobione pieniądze zbuduję nam piękny dom z drewnianą podłogą! Mam swoje marzenie i cel do spełnienia, a dzięki wytrwałości i pracowitości na pewno go osiągnę. A Ty o czym marzysz?

rewia mody nad doliną Omo

Kobiety z plemienia Mursi przecinają sobie dolną wargę i wkładają w nią gliniany krążek. Dzięki temu czują się piękne.

Z kolei kobiety Arbore noszą setki naszyjników zrobionych z kolorowych koralików i muszelek.

Kobiety z plemienia Hamerów zaplatają sobie na włosach cienkie warkoczyki i smarują je czerwoną glinką.

Nad doliną rzeki Omo w Etiopii mieszka 50 różnych plemion, których sposób życia nie zmienił się od setek lat. To jedno z najbardziej fascynujących miejsc na ziemi. Wprost nie można oderwać wzroku od ich biżuterii, fryzur i makijażu.

Dzieci z plemienia Arbore noszą na głowach charakterystyczne kaski. A chłopcy i mężczyźni z plemienia Karo malują skórę kolorową glinką.

Kobiety z doliny Omo potrafią zrobić piękne ozdoby ze wszystkiego. Z koralików, muszli, drewna, rogów i kości zwierząt, a nawet kapsli od butelek.

Panie znad doliny Omo słyną z misternych fryzur i pięknej biżuterii. Każde plemię stara się mieć swój niepowtarzalny styl ubierania się i ozdabiania, żeby odróżnić się od sąsiadów. Ale panowie też bardzo tu o siebie dbają. Malują się kolorową glinką i tak jak kobiety noszą biżuterię.

W różnych częściach świata różne rzeczy uchodzą za piękne. My chcemy mieć gładką skórę pozbawioną blizn, a w Afryce niektórzy uważają, że to właśnie blizny są piękne. My wybielamy zęby, a w dawnej Japonii każda kobieta chciała mieć zęby... czarne.

Kobiety nie zasłaniają tu piersi i bardzo je śmieszy, że my chodzimy w biustonoszach i ukrywamy swoje. Nagość jest tu czymś naturalnym i nikt się jej nie wstydzi.

Spódniczki mogą być z koźlej skóry, z trawy, liści bananowca albo z utkanego własnoręcznie materiału.

Ten przedmiot na dole może być i poduszką, i stołeczkiem. Panowie i panie podkładają go sobie pod szyję i zasypiają. Dzięki temu rano ich fryzury wyglądają jak nowe.

Torebka zrobiona z tykwy z paskiem ozdobionym muszelkami jest super.

Sandały ze skór zwierząt są wygodne, ale ludzie często chodzą tu na bosaka.

Nagie pośladki, wydłużony pysk i wredny charakter, czyli pawian.

brzydki, brzydszy, najbrzydszy

Hieny, choć z wyglądu przypominają psy, bardziej są spokrewnione z kotami.

Łysa szyja i głowa, plamy i krosty – marabuty to prawdziwe brzydkie kaczątka wśród ptaków.

Krokodyl ma paszczę pełną ostrych zębów, guzy na skórze i żółte oczy.

Kameleon potrafi zmieniać kolor skóry. Raz więc jest ładny, a raz brzydki. To zależy od jego nastroju.

W świecie zwierząt uroda nie ma większego znaczenia. Bardziej od niej liczą się siła fizyczna, inteligencja i zdrowie. Ale przyznacie, że gdyby stworzyć listę najładniejszych zwierząt Afryki, to te ślicznotki z pewnością by się na niej nie znalazły.

Czy wiecie, że co piąte zwierzę na świecie jest chrząszczem? Nie ma ich tylko na Antarktydzie i w oceanach. Goliat – największy chrząszcz, ma 15 centymetrów długości i żyje w Afryce. Najmniejszy zaś mierzy zaledwie 0,25 milimetra.

Skarabeusz, czyli święty chrząszcz starożytnych Egipcjan.

Długie kły wystające z pyska i szczeciniaste włosy – guźce zdecydowanie przystojne nie są.

Małe oczka, wielka głowa z dwoma rogami plus pękaty tułów, krótkie nogi i garb. No cóż, nosorożec może i nie jest śliczny, ale wygląda sympatycznie.

Choć na świecie żyje ponad 8 tysięcy gatunków ptaków, to jednak są one do siebie bardziej podobne niż ssaki. Dzioborożec przecież mniej się różni od marabuta niż na przykład my od hipopotama czy wieloryba, prawda?

Dzioborożec wygląda tak, jakby miał dziób kilka razy większy od głowy.

tematy do rozmowy

Co sądzisz o tym, że Mebratu musi pracować mimo tego, że ma dopiero dziewięć lat?

W wielu krajach obowiązuje specjalne prawo chroniące dzieci, które zabrania im wykonywania pracy zarobkowej, czyli takiej, za którą dostaje się pieniądze. Ma to na celu zapewnienie dobrych i bezpiecznych warunków do nauki i zabawy. Czy znasz kogoś wśród swoich koleżanek i kolegów, kto musi pracować, żeby móc się uczyć lub żeby wspomóc swoją rodzinę, tak jak Mebratu? Ja nie znam w Polsce takich dzieci, choć może są, tylko o nich nie słyszałam. Ale wiem, że często nie myślimy o tym, jak dobrze żyje się nam w Polsce, w Europie. To pewnie bardzo trudne rano pracować, a po południu się uczyć, bo zostaje mało czasu na zabawę. Niestety w Afryce dzieci, które chcą się uczyć, muszą zarabiać pieniądze na książki i szkołę. Czy Ty masz na co dzień jakieś obowiązki? Wyrzucasz śmieci, wycierasz naczynia, nakrywasz do stołu, opiekujesz się zwierzętami, sprzątasz swój pokój? To bardzo miłe komuś pomagać, szczególnie wtedy, kiedy robimy to z własnej woli, a nie z przymusu, żeby mieć pieniądze na szkołę, zabawki czy jedzenie.

Podziel się tym, czego masz w nadmiarze.

Czy potrafisz się cieszyć drobiazgami?

Mebratu potrafi doceniać małe rzeczy – cukierka, gumę do żucia i czerwony długopis. Ty na pewno masz wiele zabawek i przyborów szkolnych. Dostałeś je na imieniny, gwiazdkę, dzień dziecka i bez okazji. Czy na pewno wszystkimi się bawisz? Często jest tak, że kiedy mamy za dużo, nie umiemy się z tego cieszyć. Gromadzimy coraz więcej i więcej, ale nie sprawia nam to radości.

Pomyśl, czy dobrym pomysłem nie byłoby, żebyś przejrzał swoje zabawki i niektóre z nich oddał dzieciom, które podobnie jak Mebratu są biedne? W Polsce też są biedne dzieci, a Ty możesz im pomóc. Jeżeli się na to zdecydujesz, zobaczysz, jak dużo daje nam dzielenie się z innymi i obserwowanie ich radości! I pamiętaj, że sztuką jest oddać komuś coś, co Ci się podoba, a nie to, co jest Ci zupełnie zbędne.

Dzieci w Afryce są bardzo wysportowane, ponieważ dużo czasu spędzają na dworze, a mało przed komputerem lub telewizorem. Świetnie grają w piłkę nożną, bardzo szybko biegają, doskonale pływają. Ty też nie siedź w domu!

Podobno chodzenia na szczudłach można się nauczyć w jeden dzień. Trzeba tylko dobrać sobie odpowiednie szczudła, tak żeby znaleźć się 1,5 metra nad ziemią. I cały czas na nich chodzić, bo niestety na szczudłach stać się długo nie da.

Mali
dziewczynka, która
chciała zostać
żyrafą

Tajlandia

Słonie są symbolem Tajlandii.

W Tajlandii jest mnóstwo świąty które wyglądają, jakby zostały zrobione ze złota.

Pływający targ,
czyli przepyszne owoce
i warzywa prosto z łódki.

Na rajskie wyspy
można dopłynąć
takimi łódkami.

Dziewczynka ozdabia
stopy posągu Buddy
złotymi płatkami.

Tajlandia to kraj, którego kształt przypomina głowę słonia. Rządzi nią król, a wszyscy mieszkańcy bardzo go szanują. W Tajlandii są rajskie wyspy, nowoczesne miasta, żyją tu tygrysy i oczywiście słonie, są też wspaniałe złote świątynie.

Zapraszam Cię do mojej wioski położonej w Tajlandii, czyli w górzystej krainie mgieł i dziewiczego lasu monsunowego, pełnego zarośli bambusowych, fikusów, paproci, lian i wawrzynów. Można tu spotkać dzbaneczniki – takie rośliny żywiące się owadami, i piękne orchidee, które rosną na drzewach. A między nimi buszują dzikie zwierzęta, na przykład tygrysy, czyli olbrzymie koty. Brr… Nigdy nie należy wchodzić im w drogę, bo to jedne z największych drapieżników na świecie. Między liśćmi ukrywają się bajecznie kolorowe żabki, niektóre są tak malutkie, że przydałaby się lupa, żeby je zobaczyć. Po drzewach skaczą małpy i wrzeszczą wniebogłosy, tak jak Ty, kiedy bawisz się w berka. I żyje tu tyle owadów, że cały las brzęczy, buczy, cyka i bzyczy, że aż czasami w nocy nie można spać – taki to hałas! Bo las tropikalny śpi w ciągu dnia, a budzi się w nocy.

Wioska, w której mieszka Mali, leży w środku tropikalnego lasu. Ludzie żyją tu w domach zbudowanych na palach, żeby dzikim zwierzętom trudniej się było do nich dostać.

Do wioski można dopłynąć łodzią lub przyjechać na grzbiecie słonia. U nas słonie są szczególnie ważne i często te olbrzymy są przyuczane do pracy – pomagają w transporcie drzewa z lasu, bo są bardzo silne, albo wożą na swoich grzbietach ludzi. I w tej wiosce, na samym końcu Tajlandii, mieszkam ja – pięcioletnia Mali. Mam skośne oczy i kruczoczarne włosy, a moja grzywka jest tak równo przycięta, jakby mama obcinała mi ją przy linijce.

Często chodzę w białej sukience, którą zrobiła moja mama, bo u nas nie kupuje się ubrań, tylko tka się materiał, a potem szyje różne stroje. Na głowie noszę kolorowy czepek z pomponikami i myślę, że wyglądam bardzo ładnie. Bo szczerze mówiąc, wygląd w ogóle ma dla mnie duże znaczenie… A teraz będę wyglądała jeszcze piękniej! Bo to dziś na moją

szyję najstarsza kobieta w wiosce założy pięć mosiężnych pierścieni. I już nie mogę się tego doczekać!

Zapytasz, po co mi te pierścienie? O, to długa historia... W plemieniu Padaung, do którego należę, wszystkie panie, które mają długie szyje, uważane są za piękne. Dlatego wydłużają je sobie przy pomocy specjalnych obręczy.

– My, kobiety z ludu Padaung, chcemy upodobnić się do Bogini Smoczycy, która była naszym przodkiem i zapoczątkowała ten zwyczaj – tłumaczy mi mama. – Takie obręcze na szyi nosiły już twoja prababcia, babcia, noszę ja i nosi też twoja siostra. A teraz do tego grona dołączysz również ty! Cieszysz się? – zapytała mama, a ja przytaknęłam, bo przecież bardzo chcę wyglądać tak jak babcia, mama i moja starsza siostra Kanda. – A poza tym obręcze służą nam do ochrony przed tygrysami, które czasami napadają na ludzi i rzucają się od razu do szyi – dodała mama poważnym głosem.

Do wydłużania szyi służy metalowy pręt. Okręca się go wokół szyi, żeby utworzyć równe pierścienie. I co roku dokłada kolejne zwoje. Taki mosiężny naszyjnik jest sztywny niczym gips i może ważyć nawet 10 kilogramów.

Nigdy na oczy nie widziałam tygrysa, jedynie na obrazku w książce, bo te zwierzęta raczej unikają ludzi. Ale skoro mama tak mówi...

– I z powodu naszych długich szyj przyjeżdżają tu turyści i płacą nam za możliwość robienia zdjęć, prawda? – dopowiedziała mama, a ja się zgodziłam.

Bo faktycznie, czasem do naszej wioski przypływają ludzie z innych państw. Robią sobie wtedy z nami fotografie i kupują pamiątki, a dzięki temu

Kobiety z ludu Padaung, a należy do niego również rodzina Mali, uważają, że długie szyje są bardzo piękne.

zarabiamy pieniądze i mamy z czego żyć. Ci ludzie mówią o nas „żyrafy". Choć w Azji nie ma żadnych żyraf, to wiem, jak wyglądają, bo widziałam je na zdjęciach. Wiem też, że te długoszyje zwierzęta żyją tylko w Afryce.

Nie mogę spać... Jest świt, a chciałabym, żeby już było południe, kiedy mama zaprowadzi mnie na obrzęd zakładania obręczy. Leżę więc z półprzymkniętymi oczami i obserwuję poranną krzątaninę w domu. Nasz dom stoi na wysokich palach i na pierwszy rzut oka wygląda nieco dziwnie... Trochę tak, jakby stał na szczudłach. Ale to bardzo praktyczne rozwiązanie. Moja wioska znajduje się w środku lasu pełnego dzikich zwierząt, więc gdyby domy były takie jak u Ciebie, różne zwierzaki mogłyby wchodzić bez problemu do środka.

Makaron zrobiony
z mąki ryżowej gotu
się błyskawicznie.

Ryż jest nie tylko biały, może być też czarny, czerwony, brązowy i żółty, długoziarnisty i średnioziarnisty. A nawet dziki. Ryż długoziarnisty nadaje się do gołąbków, basmati o lekko orzechowym smaku świetnie pasuje do dań z kurczakiem, jaśminowy jest idealny do deserów.

Słodycze z ryżu połączonego z owocami, wiórkami kokosowymi i cukrem.

ryż na tysiąc sposobów

My uwielbiamy ziemniaki, frytki, kluski i kasze, ale jedna trzecia ludności świata żywi się ryżem. Dla mieszkańców Azji to podstawowy składnik zup, dań głównych i deserów.

Prażony ryż zastępuje pieczywo, a połączony z miodem, masłem i mlekiem staje się pysznym deserem.

Warzywa zawinięte w papier ryżowy to sajgonki.

Pierożki z nadzieniem ryżowo-warzywnym lub mięsnym zawinięte w liście bananowca.

Kuleczki ryżowe z przyprawami gotowane na parze w specjalnym koszyczku.

Ściany i podłoga chaty zbudowane są z bambusa, a dach pokrywają liście palm, żeby powietrze mogło swobodnie krążyć i żeby w środku nie było gorąco. Na dole, pod podłogą, hodujemy kury i świnie. Patrzę teraz przez dziurę w podłodze, jak mama karmi kury zbożem, a potem wchodzi po drabinie na górę, żeby ugotować nam śniadanie.

Mama jest piękna, ubiera się bardzo kolorowo, maluje usta czerwoną szminką, a na policzkach ma żółte listki namalowane specjalnym proszkiem z kory i liści drzewa thanaka. Mama na szyi, która ma prawie 30 centymetrów długości, nosi aż 20 obręczy. To bardzo dużo – poproś kogoś o pomoc i zmierz swoją szyję. W Polsce szyja dorosłej osoby ma jakieś 15 centymetrów, czyli jest dwa razy krótsza niż szyja mojej mamy! Marzę o tym, że jak będę duża, to też tak będę wyglądać.

– Mali, Kanda, Sunan! – mama budzi wszystkich na śniadanie i woła nas po kolei, a ja skaczę na równe nogi z mojego posłania.

Moja siostra Kanda wstała dzisiaj bardzo niewyspana i skarży się mamie, że bolą ją obojczyki i ramiona, odchyla swoje obręcze i pokazuje siniaki.

– Musisz się do tego przyzwyczaić, nic ci nie będzie – mówi mama i się uśmiecha.

Śniadanie Mali różni się od naszego. Dziewczynka je zupę ryżową z mięsnymi kuleczkami albo jajkiem doprawioną sosem rybnym, ponieważ w Tajlandii właśnie tego sosu używa się zamiast soli.

Na śniadanie jak zwykle zjadamy ryż i mama odprowadza nas do szkoły. Siadamy w ławkach i zaczynamy lekcje, dziś mamy język angielski, tajski i zajęcia z mowy ludu Padaung, do którego należymy. Mamy też zupełnie inne przedmioty niż Ty... Na przykład uczymy się, jak odróżnić jadowite węże od tych niegroźnych i których trzeba unikać, żeby nas nie ukąsiły.

Wiem już dużo o puszczy, która otacza naszą wioskę. Na przykład niektóre rośliny można bezpiecznie zjeść, a inne są trujące, są też takie zioła, które przykłada się do rany, a ona się szybciej goi. Bo puszcza to taka wielka apteka, tylko trzeba się znać na roślinach, tak jak nasza mama i pan nauczyciel.

Uczymy się też, jak wygląda świat poza wioską, której nigdy nie opuszczaliśmy. Nauczyciel opowiada nam i pokazuje na zdjęciach, jak

wyglądają miasta: w co ubierają się ludzie, co jedzą, jak spędzają czas. A ja uwielbiam słuchać tych opowieści! I nie mogę się nadziwić, że ludzie mieszkają w budynkach, które mają nawet 30 pięter, czyli są wyższe niż najwyższe drzewa w naszym lesie. Albo że w miastach jeździ się samochodami – w naszej wiosce jest przecież tylko jeden rower i każde dziecko chce się na nim przejechać. A w domach w Polsce podobno macie lodówki, w których trzymacie jedzenie? U nas czegoś takiego nie ma! A żeby jedzenie się nie psuło, po prostu je suszymy.

– Wiesz, Mali, marzę o tym, żeby kiedyś zamieszkać w mieście... – szepcze do mnie siostra. – Tak bym chciała chodzić do prawdziwej szkoły, gdzie są komputery i internet.

W sumie lubię szkołę, ale nie chce mi się tak dużo uczyć, wolę się bawić z dzieciakami z wioski. Nauczyciel mówi, że Kanda jest bardzo zdolna, i to prawda. Moja siostra potrafi już pokazać na mapie każdy kraj, zna historię Tajlandii i ludu Padaung, wie, gdzie leży Bangkok, stolica naszego kraju.

– Mali, nie zakładaj dziś obręczy – mówi nagle Kanda. – Z obręczami nie będziesz mogła wyjechać do miasta.

– Ale ja chciałabym do końca życia mieszkać w naszej wiosce, blisko mamy i taty – mówię zdziwiona jej słowami.

– A ja marzę, żeby przeprowadzić się do Bangkoku, a tam żadne dziecko nie nosi obręczy... Poza tym dziewczynki mieszkające w mieście również wyglądają pięknie! A obręcze są bardzo niewygodne, nie można w nich biegać, schylać się i boli od nich szyja. Nawet nie ma jak jeść i pić... Mówię ci! – przekonuje mnie Kanda.

Mieszkańcy wioski codziennie rano chodzą nad rzekę, żeby się wykąpać, ponieważ w domach nie mają ani wody, ani łazienek. Przy okazji się też hartują – woda w rzece jest chłodna i Mali zawsze marudzi, kiedy musi umyć w niej włosy.

Obręcze powinny lśnić, dlatego trzeba je namydlić, a potem długo szorować słomą. Nie jest łatwo umyć skórę pod obręczą, ale mama Mali ma na to swoje sposoby. Panie kąpią się w sarongach. To są takie kawałki materiału, z których można zrobić sukienkę albo spódnicę.

Pod obręcze wkładane są specjalne ręczniczki, dzięki którym skóra się mniej obciera i nie odparza tak bardzo, kiedy w ciągu dnia słońce nagrzewa metal. Mimo wszystko noszenie obręczy jest bardzo niewygodne i często robią się od nich siniaki.

Mali często po szkole chodzi na spacery do lasu, szuka tam owoców, zbiera rośliny, z których jej mama robi smaczne potrawy albo nawet lekarstwa. Bo las deszczowy to wielki supermarket – trzeba tylko wiedzieć, które rośliny nadają się do jedzenia, a które są trujące.

Ale ja nie chcę zmieniać swojej decyzji i zamiast skupić się na lekcjach, cały czas myślę o tym, co mnie dziś czeka. Pewnie Ty też tak czasami masz, że jak cieszysz się na jakieś wydarzenie, to... zupełnie nie możesz się na niczym skoncentrować. No tak, kiedy jest się podekscytowanym, to myśli się tylko o tym!

Wreszcie przychodzi upragniony moment... Kończą się lekcje, a mama bierze mnie za rękę i razem idziemy na drugi koniec wsi. Kanda drepcze obok i nic nie mówi. Ale kątem oka widzę, jak po policzkach siostry płyną łzy... I zastanawiam się dlaczego? Czy tak bardzo boli ją szyja?

Podczas ceremonii założenia obręczy obowiązują pewne zasady. Najpierw składamy na ołtarzu dary – kokosy, banany oraz inne owoce

– i przez chwilę się modlimy. Potem wchodzimy do chaty, a tam już czeka na nas staruszka.

– Uklęknij – mówi do mnie ta pani z bardzo długą szyją. Ma aż 22 pierścienie i wygląda wspaniale!

Klękam i schylam głowę, a pani Yuan, bo tak ma na imię, zaczyna zakładać mi obręcz. To po prostu mosiężny pręt grubości palca dorosłej osoby, który trzeba umiejętnie owinąć wokół szyi, żeby powstało coś w rodzaju golfa. Trochę to trwa, bo trzeba mieć do tego dużo siły i spore umiejętności – nie każdy może zakładać obręcze. W końcu się udaje!

– Ciężkie – stwierdzam trochę zdziwiona, bo obręcze ważą jakieś 3 kilogramy, czyli sporo... A teraz będę musiała w nich chodzić cały dzień, jeść, spać...

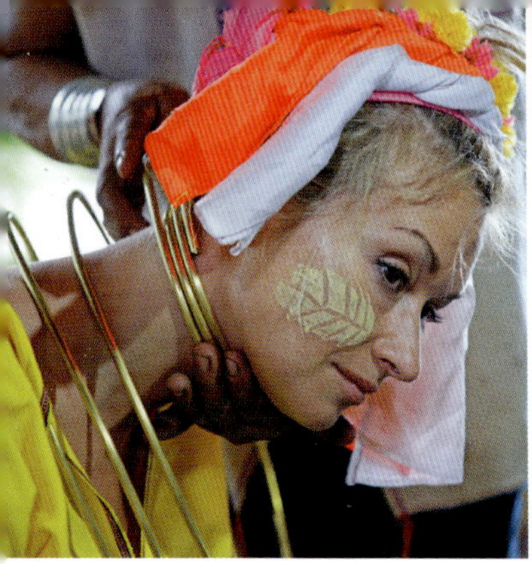

Ale nie martwi mnie to, bo myślę tylko o tym, że jak skończę 10 lat, to będę mogła założyć kolejny zwój i potem co roku dokładać nową obręcz, aż będę miała taką szyję jak mama. Będę wyglądała jak żyrafa!

Mama delikatnie wkłada teraz pod spód moich obręczy mały miękki ręczniczek, który ochroni moją skórę przed otarciami. A Kanda siedzi obok i się przygląda. Nagle zbiera się na odwagę, wstaje i mówi:

– Mamo, ja chcę zdjąć obręcze, tak mnie boli szyja, że nie mogę dłużej wytrzymać – Kanda zwraca się do mamy bardzo grzecznie, bo w Tajlandii dzieci bardzo szanują rodziców i nigdy nie podnoszą głosu, ale jest stanowcza. – A poza tym – dodaje – ja chcę wyjechać do szkoły do Bangkoku i zostać informatykiem.

– Kim chcesz zostać? – pyta spokojnie mama.

– Informatykiem, czyli specjalistą od komputerów – mówi Kanda i dodaje – przede wszystkim chcę być mądra, potem dobra, a może dopiero na końcu piękna. Tylko do dziś nie wiedziałam, jak ci to powiedzieć. Bałam się, że tego nie zrozumiesz, że się nie zgodzisz, że będziesz smutna i rozczarowana…

Tymczasem mama tylko się uśmiecha.

– Oczywiście, że wolałabym, żebyś miała długą szyję tak jak ja… Ale masz, córciu, prawo do własnej decyzji – mówi w końcu.

Co prawda teraz mama będzie musiała tkać jeszcze więcej szali dla turystów, żeby zarobić na szkołę dla Kandy, ale przecież każdej mamie zależy, żeby jej dziecko było szczęśliwe.

I idziemy teraz we trzy obok siebie: ja – najszczęśliwsza na świecie, bo właśnie mam na szyi śliczne złote obręcze, Kanda – szczęśliwa, że pozbyła się tych krępujących zwojów, i mama – też szczęśliwa, że obie córki podskakują radośnie i są zadowolone, choć każda z innego powodu. I tak docieramy na targ, gdzie mama ma swój stragan. Sprzedajemy tu

piękne kolorowe szale, które mama tka w domu na specjalnych krosnach. Są tu też drewniane laleczki wyrzeźbione przez tatę i inne pamiątki.

Akurat przypłynęła łódź z dziennikarzami, którzy chcą nagrać program telewizyjny o życiu ludu Padaung. A przy okazji kupują na naszym straganie kilka szali i jedna z podróżniczek prosi mamę, żeby zapozowała do wspólnego zdjęcia. Ja też z radością uśmiecham się do fotografii i dumnie pokazuję swoje nowe obręcze. I Martyna, bo tak ma na imię ta dziennikarka z Polski, wręcza mi w prezencie magazyn „National Geographic". Jestem zachwycona, bo w tym piśmie jest mnóstwo pięknych zdjęć.

– A podobają ci się twoje obręcze? – pyta mnie Martyna.

– O tak! Trochę boli mnie szyja i jest mi niewygodnie, ale bardzo się cieszę, bo przecież teraz jestem piękna! – mówię z przekonaniem.

Kwiaty storczyków są bajecznie kolorowe.

orchidee

Choć storczyki można spotkać na całym świecie, najwięcej rośnie ich w lasach mgielnych.

Orchidee nazywane storczykami rosną wszędzie, również w doniczkach w naszych domach. Ale królestwem tych najpiękniejszych kwiatów świata Jest Tajlandia i jej wilgotne ciepłe lasy.

Storczyki mogą rosnąć w ziemi, ale większość z nich wyrasta na drzewach. Żeby pięknie kwitnąć, potrzebują wody i światła.

Tajowie bardzo lubią kwiaty. Ozdabiają nimi mieszkania i świątynie.

A dziennikarka siada koło mnie i zaczyna mi opowiadać, że w różnych częściach świata ludzie mają różny gust i całkiem inaczej pojmują piękno.

– U nas w Europie panie często farbują włosy na blond i uważają, że ładnie jest być bardzo szczupłym – mówi Martyna i pokazuje mi kolorowe zdjęcia w piśmie, przewraca kolejne strony i kontynuuje opowieść. – W plemieniu Mursi, które żyje w Etiopii, kobiety przecinają sobie dolną wargę i wkładają w nią duży gliniany krążek. A na wyspie Samoa kobiety tatuują sobie nogi i wyglądają tak, jakby nosiły koronkowe rajstopy.

– Tatuują? Przecież to musi bardzo boleć! – pytam zdziwiona, a Martyna kiwa głową na potwierdzenie.

– Ludzie z plemienia Nuba w Sudanie nacinają sobie skórę, a w gojące się rany wcierają popiół i potem tworzą się na ich ciele wypukłe wzory, które oni uważają za bardzo atrakcyjne. A z kolei panie w Europie robią wszystko, żeby nie mieć na ciele ani jednej blizny! – opowiada. – W plemieniu Himba w Namibii kobiety smarują sobie ciała zjełczałym masłem zmieszanym z czerwonym barwnikiem i plotą warkocze. Natomiast Masajki, które żyją w Kenii, golą głowy na łyso... A w plemieniu Padaung kobiety noszą obręcze, żeby mieć długie szyje.

– To o nas – wykrzykuję głośno.

– Widzisz, Mali, każdy na świecie ma inny gust – mówi Martyna i obejmuje mnie ramieniem. – Pomyśl tylko... Skoro piękno jest czymś innym w różnych zakątkach świata, to znaczy, że nie może być najważniejsze, prawda?

– No tak, z kolei gdyby taka pani z plemienia Mursi, o której mi mówiłaś, przyjechała do naszej wioski, to wszyscy wybiegliby z domów, żeby ją zobaczyć! I zastanawialiby się, po co jej ten krążek w ustach, i myśleliby, że pewnie bardzo niewygodnie przez niego jeść, prawda? – pytam zdziwiona, bo to faktycznie musi być bardzo niewygodne.

– To prawda, Mali, to prawda...

– Za to na całym świecie dobro i miłość są pojmowane tak samo i dlatego chyba to właśnie te wartości są najważniejsze – sama mówię coś, co nagle wydało mi się oczywiste.

Bo myślę, że jednak najważniejsze jest, jakimi jesteśmy ludźmi. A nie to, jak wyglądamy.

co jest modne w wiosce Mali

Niektóre kobiety z tej okolicy nie wydłużają sobie szyj, tylko powiększają dziurki w uszach, wkładając w nie coraz większe kolczyki.

Oprócz obręczy na szyi i łydkach panie noszą mnóstwo bransoletek na nadgarstkach i na kostkach.

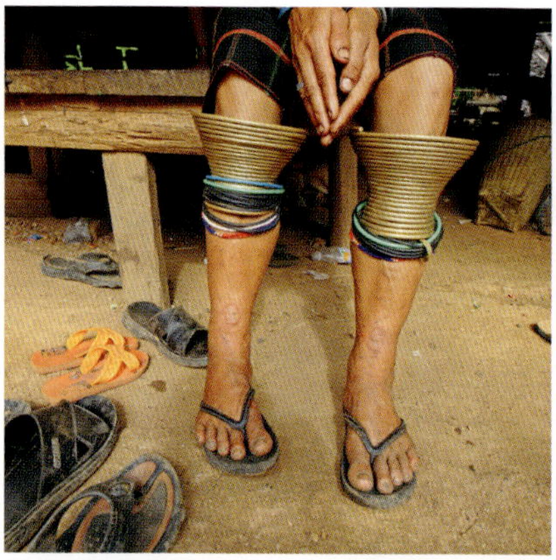

Nasza szyja ma zwykle około 14 centymetrów, natomiast szyja mamy Mali ma 24 centymetry i wciąż się wydłuża.

Spódnice zrobione z kawałka kolorowego materiału to sarongi.

Niektóre kobiety decydują się zdjąć obręcze i wówczas ich szyja powraca do poprzedniego rozmiaru.

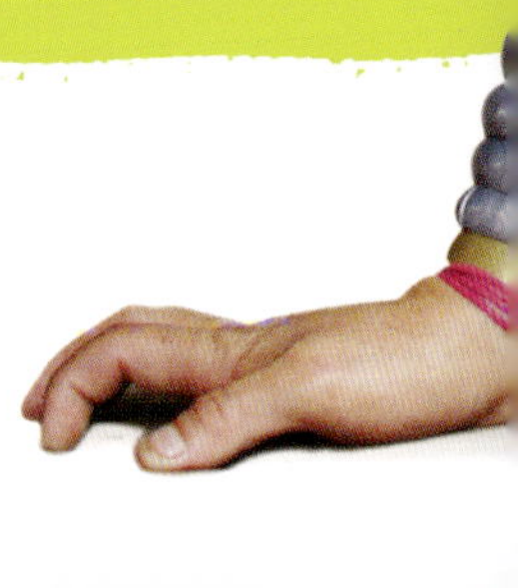

Mama Mali ma na głowie kolorowy czepiec ozdobiony sztucznymi kwiatkami. A na policzkach listki zrobione specjalną pastą, która zabezpiecza skórę przed słońcem.

Wszyscy ubierają się bardzo kolorowo, lubią też ozdabiać swoje stroje pomponikami i wstążeczkami.

co można zrobić z bambusa

Bransoletki robi się z łodyg, które wcześniej moczy się w wodzie, żeby łatwiej je było wygiąć, torebki tka się z liści.

Łodygi można ciąć, a następnie rozprasowywać i z takich płaskich deseczek robić kuferki, skrzynie, meble, a nawet podłogi.

Bambus jest najszybciej rosnącą rośliną na świecie, nawet metr w ciągu doby. I jest jednym z najpopularniejszych budulców. Robi się z niego domy, meble, rzeźby, instrumenty muzyczne, a nawet lekarstwa.

Bambusowe domy są bardzo przewiewne i lekkie.

Liście bambusa dodawane są do sałatek, są też największym przysmakiem pand, które żyją tylko w Chinach.

tematy do rozmowy

Jak myślisz, czy wygląd zewnętrzny jest najważniejszy?

To, jak wyglądamy, jest na pewno bardzo ważne. Istotne są: kolor włosów, wzrost i barwa oczu. Najważniejsze jednak, żeby nasz wygląd był schludny, ubranie czyste, a włosy uczesane. Ale to, czy będziemy mieć najmodniejsze spodnie, czy nosić starą sukienkę po siostrze, nie jest najważniejsze. Dlaczego? Ktoś kiedyś powiedział, że o gustach się nie dyskutuje. I to bardzo mądre zdanie. Bo jak świat długi i szeroki możemy spotkać ludzi, którym podoba się zupełnie coś innego niż nam. Człowiek najpierw jest mały, potem dorosły, a potem się starzeje – okazuje się więc, że jego wygląd cały czas się zmienia. Ale nie zmienia się to, kim jesteśmy. Dlatego chyba nie warto skupiać się na tym, jak wyglądamy, tylko na tym, czego możemy się nauczyć, co możemy zobaczyć, przeczytać i zwiedzić. Czyli na tym wszystkim, co rozwija nasz umysł i charakter.

CZY WIESZ, ŻE
Najdłuższą szyję ze wszystkich zwierząt ma żyrafa. Ma ona około 2,5 metra długości. Szyja strusia może mieć metr długości, a najdłuższa szyja ludzka należała do pani z plemienia Padaung i miała 40 centymetrów.

Uważasz, że czarne zęby są brzydkie? Panie z tego wietnamskiego plemienia myślą wręcz przeciwnie.

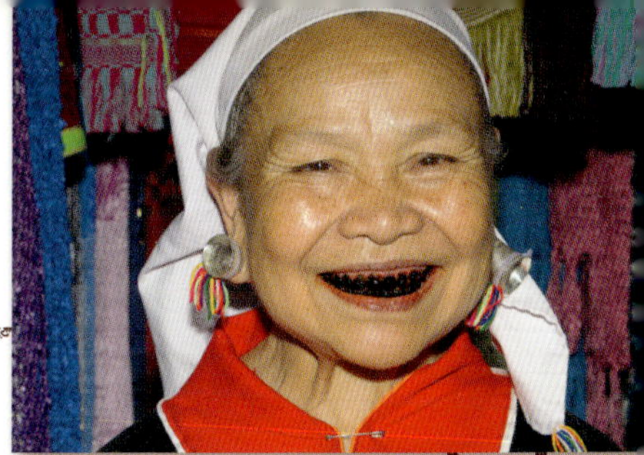

Co sądzisz o wyglądzie ludzi w różnych zakątkach świata?

Przyjrzyj się uważnie, jak często inaczej niż Ty, mama i tata wyglądają ludzie. Widzisz? Niektórzy mają gliniane krążki w ustach, inni mają blizny tworzące wzory, rozciągnięte uszy, wielkie kolczyki, kolorowe ubrania, tatuaże. Pewnie gdy ich widzisz, myślisz sobie: „Ale brzydki, ale śmieszny, ale dziwny…". Ale pomyśl sobie, że przez to, że ludzie wyglądają inaczej, na świecie nie jest nudno, jednostajnie i tak samo. Szanując ludzi bez względu na to, jak różnie wyglądają, możemy uczyć się tolerancji. Tolerancja to trudne słowo, a oznacza, żeby nie dziwić się, że ktoś jest inny, tylko to akceptować. Tolerancyjnym jest się wtedy, kiedy się myśli: „Ojej, ale mają rozciągnięte uszy, ciekawe, czy to boli. Widocznie im to odpowiada, więc ich nie krytykuję i się z nich nie śmieję". Kiedy nauczymy się tak myśleć, będziemy też bardziej wyrozumiali dla poważnych spraw, na przykład takich, że ktoś wierzy w innego boga niż my, że ktoś ma inny kolor skóry, nie je mięsa, kuleje albo ma całkiem inne marzenia…

ZRÓB TO SAM
Szyszki ryżowe. Potrzebujesz: paczki ryżu prażonego, 10 krówek, pół kostki masła. Masło rozpuść, dodaj pokruszone krówki, mieszaj, aż utworzy się jednolita masa, dodaj ryż. Wymieszaj, zrób kulki, poczekaj, aż ostygną, i zjedz. Smacznego.

Nawet najwspanialsza przygoda musi się kiedyś skończyć,
ale nie mówię do widzenia.
Trzymam kciuki, żebyście mieli odwagę, tak jak ja,
spełniać swoje marzenia.
Może już niebawem spotkamy się na szlaku...

Papier rozkłada się w glebie w ciągu 2–5 miesięcy. Puszka aluminiowa 50–100 lat, a torba foliowa nawet 200 lat, dlatego pamiętaj, żeby robiąc zakupy, korzystać z toreb papierowych lub płóciennych.

recykling, czyli drugie życie śmieci

Czy wiesz, że każdy Polak wyrzuca około 250 kilogramów śmieci rocznie, a Amerykanin trzy razy więcej? A niektóre rzeczy takie jak papier czy butelki można przetworzyć ponownie. Dlatego warto segregować śmieci. Dzięki temu ocalimy wiele lasów i sprawimy, że nasza planeta będzie czystsza.

Z resztek organicznych można zrobić kompost, czyli idealny nawóz do kwiatów.

Wirujący bączek to jedna z najstarszych zabawek świata. Natomiast pierwszego pluszowego misia zrobiono dla prezydenta Stanów Zjednoczonych Theodore'a Roosevelta ponad 100 lat temu. To do dziś jedna z najpopularniejszych zabawek dla dzieci.

sklep z zabawkami

Konik na biegunach, bączek, szmaciana lalka lub pluszowy miś to tradycyjne zabawki, którymi bawili się Twoi dziadkowie, rodzice i pewnie Ty również się bawisz, ponieważ niektóre rzeczy nigdy nie wychodzą z mody.

Grzechotka to zwykle pierwsza zabawka, jaką dostaje dziecko. Czy Ty masz swoją na pamiątkę?

Najstarsze lalki lepiono z gliny lub robiono ze szmatek i porcelany.

Martyna Wojciechowska

i jej niesamowite przygody na krańcach świata

Druga część „Zwierzaków świata"
to nowi fantastyczni bohaterowie
i ich przygody :-)

Wydawnictwo G+J RBA Sp. z o.o. & Co. Spółka Komandytowa
Licencjobiorca National Geographic Society
ul. Marynarska 15, 02-674 Warszawa

Dział handlowy: tel. (48 22) 360 38 38, 360 38 42; fax (48 22) 360 38 49
Sprzedaż wysyłkowa: Dział Obsługi Klienta, tel. (48 22) 360 37 77

Redakcja: Agnieszka Franus
Konsultacja psychologiczna: Dominika Słomińska
Projekt graficzny i okładka: Wiola Wiśniewska
Fotoedycja: Agnieszka Franus, Katarzyna Frydrych, Teresa Tuleja
Korekta: Tomasz Cholaś
Przygotowanie do druku: Krzysztof Stypułkowski
Redaktor prowadząca: Agnieszka Radzikowska

Druk: PERFEKT, Warszawa
ISBN: 978-83-7596-507-0

MAŁGORZATA ŁUPINA: OKŁADKA, 34, 39, 40, 50, 51, 52, 53, 56, 57, 58, 64, 128-129, 131, 135, 1398-139, 142(3), 146, 148(3), 149; PAWEŁ ŁĄCZNY: 77, 90, 91; ARCH. PRYW.: 6, 7, 9; CORBIS: 11(2), 13(2), 41, 72, 92, 98, 100, 106 (2), 112, 113, 118; JDM PICTURE HUNTING WORLD/PHOTOGRAPHERS DIRECT: 49; 123RF: 95; BEW: 10(2), 11, 12, 13(2), 14, 22, 23, 24-25, 27, 28, 30, 32-33, 40, 44, 45, 46, 60-61, 63, 66-67, 100-101,109, 110, 124, 126, 127, 136, 141, 143, 144; CZARNY KOT: 8, 19, 20, 37; SYLVAIN CORDIER/GAMMA-RAPHO VIA GETTY IMAGES/FPM: 29; EAST NEWS: 35, 38, 78, 82, 87, 89 ; SUPERSTOCK:106, 116, 140; ISTOCK: OKŁ., 2-3, 75, 101(3), 103, 115(3); 119; SHUTTERSTOCK: OKŁ (2), 1, 4, 8, 9, 10, 11, 12(5), 13(8), 15(5), 16(5), 17(4), 18, 21, 36(2), 40(4), 42(2), 43(2), 45(5), 46(3), 47(5), 48(2), 53, 54(7), 55(6), 57, 59, 62(2), 65, 67(5), 68(5), 69(5), 70(2), 71, 73(6), 74(4), 75(4), 76, 77, 79(3), 80, 81(2), 83, 84-85, 86, 88, 93, 94(6), 96, 97, 99(4), 100(2), 101(2), 102, 105(2), 106, 108, 109, 110, 114(3), 115(3), 118(6), 119, 120(5), 121(5), 123(2), 125(5), 126(3), 127(4), 130, 132(7), 133(4), 134, 137(2), 145(6), 148(3), 150(7), 151(5), 152(2), 153(2);